RECHERCHES

SUR

L'HYDRODYNAMIQUE

PAR

Pierre DUHEM,

CORRESPONDANT DE L'INSTITUT DE FRANCE,
PROFESSEUR DE PHYSIQUE THÉORIQUE A LA FACULTÉ DES SCIENCES DE BORDEAUX.

DEUXIÈME SÉRIE.

LES CONDITIONS AUX LIMITES. LE THÉORÈME DE LAGRANGE ET LA VISCOSITÉ.
LES COEFFICIENTS DE VISCOSITÉ
ET LA VISCOSITÉ AU VOISINAGE DE L'ÉTAT CRITIQUE.

PARIS,

GAUTHIER-VILLARS, IMPRIMEUR-LIBRAIRE
DE L'ÉCOLE POLYTECHNIQUE, DU BUREAU DES LONGITUDES,
Quai des Grands-Augustins, 55.

1904

RECHERCHES

SUR

L'HYDRODYNAMIQUE.

Extrait des *Annales de la Faculté des Sciences de Toulouse*, 2e Série, t. V; 1903.

RECHERCHES

SUR

L'HYDRODYNAMIQUE,

PAR

Pierre DUHEM,

CORRESPONDANT DE L'INSTITUT DE FRANCE,
PROFESSEUR DE PHYSIQUE THÉORIQUE A LA FACULTÉ DES SCIENCES DE BORDEAUX.

DEUXIÈME SÉRIE.

LES CONDITIONS AUX LIMITES. LE THÉORÈME DE LAGRANGE ET LA VISCOSITÉ.
LES COEFFICIENTS DE VISCOSITÉ
ET LA VISCOSITÉ AU VOISINAGE DE L'ÉTAT CRITIQUE.

PARIS,
GAUTHIER-VILLARS, IMPRIMEUR-LIBRAIRE
DE L'ÉCOLE POLYTECHNIQUE, DU BUREAU DES LONGITUDES,
Quai des Grands-Augustins, 55.

1904

RECHERCHES SUR L'HYDRODYNAMIQUE.

QUATRIÈME PARTIE.

DES CONDITIONS AUX LIMITES.

CHAPITRE I.

SUR LE FROTTEMENT.

§ 1. — Du frottement en général.

Le principe de d'Alembert a longtemps été regardé comme fournissant les équations les plus générales du mouvement d'un système; puis il a été nécessaire de généraliser ces équations en y introduisant les actions de viscosité; cette introduction nous a conduits aux équations générales de l'Hydrodynamique, étudiées en la première Partie de ces *Recherches* (¹).

Cette généralisation ne suffit pas à mettre en équations tous les problèmes mécaniques; pour traiter plusieurs d'entre eux il est nécessaire d'introduire dans les formules de la Dynamique de nouveaux termes, les termes de frottement; c'est cette introduction, dont nous avons, en un autre endroit (²), approfondi les principes, qu'il nous faut étudier à nouveau afin de préciser certains points demeurés obscurs ou incomplets.

Considérons un système dénué de frottement, mais qui peut être affecté de viscosité; supposons que la déformation virtuelle la plus générale de ce système soit définie par des *variations normales*. Les équations du mouvement de ce système s'obtiendront en écrivant que l'on a, en toute modification virtuelle,

$$d\mathfrak{G}_e - \delta_T \mathfrak{F} + d\mathfrak{G}_j + d\mathfrak{G}_v = 0. \tag{1}$$

Dans cette égalité, $d\mathfrak{G}_e$ est le travail virtuel des actions extérieures; $d\mathfrak{G}_j$ est le

(¹) *Recherches sur l'Hydrodynamique*, Iʳᵉ Partie : *Sur les Principes fondamentaux de l'Hydrodynamique* (*Annales de la Faculté des Sciences de Toulouse*, 2ᵉ série, t. III, 1901, p. 315).

(²) *Théorie thermodynamique de la viscosité, du frottement et des faux équilibres chimiques* (*Mémoires de la Société des Sciences physiques et naturelles de Bordeaux*, 5ᵉ série, t. II, 1896).

travail virtuel des forces d'inertie; $d\mathfrak{T}_v$ est le travail virtuel des actions de viscosité; enfin $\delta_T\mathfrak{F}$ est la variation subie par le potentiel interne dans une modification virtuelle qui diffère en un seul point de la modification considérée : elle laisse invariable la température en chacun des éléments matériels du système.

C'est cette égalité fondamentale (1) que nous allons modifier par l'introduction d'un nouveau terme en son premier membre; nous la remplacerons par l'égalité

$$d\mathfrak{T}_e - \delta_T\mathfrak{F} + d\mathfrak{T}_j + d\mathfrak{T}_v + d\mathfrak{T}_f = 0, \tag{2}$$

où $d\mathfrak{T}_f$ sera le *travail virtuel du frottement;* à l'égard de ce travail, nous allons formuler une suite d'hypothèses.

Nous admettrons tout d'abord que toute modification virtuelle du système peut être représentée au moyen d'un système particulier de variations normales que nous nommerons les *variations privilégiées;* celles-ci, d'ailleurs, se partageront en deux groupes : le premier groupe sera formé par les *variations à frottement* $\delta a, \delta b, \ldots, \delta l$; le second groupe sera formé par les *variations sans frottement* $\delta m, \ldots, \delta n$.

La modification réelle éprouvée par le système dans le temps dt sera représentée par les variations privilégiées

$$\delta a = a'\,dt, \quad \delta b = b'\,dt, \quad \ldots, \quad \delta l = l'\,dt, \quad \delta m = m'\,dt, \quad \ldots, \quad \delta n = n'\,dt.$$

$a', b', \ldots, l', m', \ldots, n'$ seront les *vitesses privilégiées* qui correspondent respectivement aux variations privilégiées $\delta a, \delta b, \ldots, \delta l, \delta m, \ldots, \delta n$.

Cela posé, le travail virtuel des actions de frottement sera supposé de la forme suivante :

$$d\mathfrak{T}_f = g_a \frac{a'}{|a'|}\delta a + g_b \frac{b'}{|b'|}\delta b + \ldots + g_l \frac{l'}{|l'|}\delta l. \tag{3}$$

Les quantités $g_a, g_b, \ldots, g_l$ dépendent :

1° De l'état du système à l'instant considéré, y compris la température en chaque point;

2° Des vitesses privilégiées, parmi lesquelles ne se trouve pas la vitesse de variation de la température en chaque point;

3° Des actions extérieures qui sollicitent le système à l'instant considéré.

Lorsque les vitesses privilégiées $a', b', \ldots, l', m', \ldots, n'$ tendent vers 0, les quantités $g_a, g_b, \ldots, g_l$ ne tendent pas vers 0, mais vers des limites finies $\gamma_a, \gamma_b, \ldots, \gamma_l$ qui dépendent de l'état du système à l'instant considéré, y compris la distribution des températures sur le système, et des actions extérieures qui sollicitent ce système.

Enfin les quantités $g_a, g_b, \ldots, g_l$ sont essentiellement négatives :

$$g_a < 0, \quad g_b < 0, \quad \ldots, \quad g_l < 0. \tag{4}$$

Soient P_{ij} des quantités qui dépendent de l'état du système à l'instant t, mais point de la distribution des températures sur ce système. Supposons que le déterminant

$$\begin{vmatrix} P_{mm} & \dots & P_{mn} \\ \dots & \dots & \dots \\ P_{nm} & \dots & P_{nn} \end{vmatrix}$$

soit différent de o. Les équations

$$\begin{aligned} \delta m &= P_{mm}\delta m' + \dots + P_{mn}\delta n', \\ &\dots\dots\dots\dots\dots\dots\dots\dots, \\ \delta n &= P_{nm}\delta m' + \dots + P_{nn}\delta n' \end{aligned}$$

définissent les quantités $\delta m', \dots, \delta n'$ fonctions linéaires et homogènes de $\delta m, \dots, \delta n$. Il est clair que

$$\delta a, \quad \delta b, \quad \dots; \quad \delta l, \quad \delta m', \quad \dots, \quad \delta n'$$

forment un nouveau système de variations privilégiées, où $\delta a, \delta b, \dots, \delta l$ continuent à être les variations à frottement et où $\delta m', \dots, \delta n'$ représentent les nouvelles variations sans frottement. Celles-ci sont donc susceptibles de changements dont les variations à frottement ne sont pas, en général, susceptibles.

Parmi les variations privilégiées qui définissent la modification virtuelle la plus générale d'un système, il en existe toujours au moins 6 qui sont des variations sans frottement; on peut toujours choisir les variations sans frottement de telle sorte que ces six variations-là définissent le déplacement d'ensemble le plus général du système dans l'espace. Un simple déplacement d'ensemble du système dans l'espace n'entraîne donc aucun travail des actions de frottement.

Les six variations dont nous venons de parler peuvent n'être pas les seules variations sans frottement. Il peut arriver que la vitesse m' qui correspond à une certaine variation privilégiée δm soit identiquement nulle par définition; dans ce cas la variation δm sera sûrement une variation sans frottement.

Donnons-en un exemple :

Un point matériel M se meut sur une surface P que l'on suppose immobile. A l'instant t, ce point est animé d'une certaine vitesse s' suivant une certaine direction tangente à la surface P. Le déplacement virtuel le plus général du point M, qui doit demeurer sur la surface P, se compose d'un déplacement δs dans la direction de la vitesse s' et d'un autre déplacement δm normal au précédent et tangent à la surface P. Nous admettrons que ce sont là les variations privilégiées du système. Or, en la modification réelle que le système éprouve pendant le temps dt, on a

$$\delta s = s'\,dt, \qquad \delta m = o.$$

La variation privilégiée δm correspond, par définition, à une vitesse m' identiquement nulle; dès lors, ce doit être une variation sans frottement; le travail virtuel de frottement se réduit à

$$d\mathfrak{E}_f = g_s \frac{s'}{|s'|} \delta s. \tag{5}$$

Le frottement équivaut, dans ce cas, à une force appliquée au point M, qui aurait pour valeur absolue $-g_s$ et qui serait dirigée en sens contraire de la vitesse du point M. C'est ce qu'on admet dans les Traités élémentaires de Mécanique.

Il faut bien observer, dans l'application de ce postulat important, que si la vitesse m' qui correspond à la variation privilégiée δm est nulle par définition, il n'en doit pas être de même de la variation virtuelle δm; si, par suite des liaisons imposées au système, on avait non seulement $m' = 0$, mais encore $\delta m = 0$, le postulat précédent deviendrait un simple truisme, car, grâce à l'égalité $\delta m = 0$, l'expression de $d\mathfrak{E}_f$ ne renfermerait sûrement aucun terme en δm.

Bien des questions pourraient être développées à partir des principes que nous venons de poser; nous renverrons à l'exposé que nous en avons donné ailleurs (¹); nous nous contenterons d'étudier ici ce qui arrive lorsqu'on associe plusieurs systèmes primitivement indépendants.

Nous considérerons d'abord un système formé de plusieurs parties indépendantes et, pour simplifier les notations sans inconvénient réel au point de vue de la généralité, nous supposerons qu'il n'existe que deux telles parties, les parties 1 et 2.

Nous supposerons que, pour définir la modification virtuelle la plus générale de la partie 1, il faille joindre, aux variations que subit la température des diverses portions du corps 1, les variations normales privilégiées

$$\delta a_1, \quad \delta b_1, \quad \ldots, \quad \delta l_1, \quad \delta m_1, \quad \ldots, \quad \delta n_1,$$

les unes affectées de frottement, les autres dénuées de frottement. Pour la partie 2, nous adopterons les notations analogues

$$\delta a_2, \quad \delta b_2, \quad \ldots, \quad \delta l_2, \quad \delta m_2, \quad \ldots, \quad \delta n_2.$$

Le potentiel interne de la partie 1 sera représenté par $\mathfrak{F}_1$, le potentiel interne de la partie 2 par $\mathfrak{F}_2$ et le potentiel interne du système que forment ces deux parties par

$$\mathfrak{F} = \mathfrak{F}_1 + \mathfrak{F}_2 + \mathrm{E}\Psi. \tag{6}$$

(¹) *Théorie thermodynamique de la viscosité, du frottement et des faux équilibres chimiques* (*Mémoires de la Société des Sciences Physiques et Naturelles de Bordeaux*, 5e série, t. II, 1896).

Nous écrirons

$$-\delta_T\mathcal{F}_1 = A_1\,\delta a_1 + B_1\,\delta a_1 + \ldots + L_1\,\delta l_1 + M_1\,\delta m_1 + \ldots + N_1\,\delta n_1,$$

$$-\delta_T\mathcal{F}_2 = A_2\,\delta a_2 + B_2\,\delta a_2 + \ldots + L_2\,\delta l_2 + M_2\,\delta m_2 + \ldots + N_2\,\delta n_2,$$

$$\begin{aligned} -E\,\delta\Psi = {} & \mathcal{A}'_1\,\delta a_1 + \mathcal{B}'_1\,\delta b_1 + \ldots + \mathcal{L}'_1\,\delta l_1 + \mathcal{M}'_1\,\delta m_1 + \ldots + \mathcal{N}'_1\,\delta n_1 \\ & + \mathcal{A}'_2\,\delta a_2 + \mathcal{B}'_2\,\delta b_2 + \ldots + \mathcal{L}'_2\,\delta l_2 + \mathcal{M}'_2\,\delta m_2 + \ldots + \mathcal{N}'_2\,\delta n_2. \end{aligned}$$

Les quantités $\mathcal{A}'_1$, $\mathcal{B}'_1$, ..., $\mathcal{L}'_1$, $\mathcal{M}'_1$, ..., $\mathcal{N}'_1$ sont les actions du corps 2 sur le corps 1; les quantités $\mathcal{A}'_2$, $\mathcal{B}'_2$, ..., $\mathcal{L}'_2$, $\mathcal{M}'_2$, ... $\mathcal{N}'_2$ sont les actions du corps 1 sur le corps 2.

Le travail des actions extérieures appliquées au corps 1 peut, en une modification virtuelle quelconque, s'écrire

$$d\mathcal{E}_{e1} = (\mathcal{A}_1 + \mathcal{A}'_1)\,\delta a_1 + \ldots + (\mathcal{L}_1 + \mathcal{L}'_1)\,\delta l_1 + \ldots + (\mathcal{N}_1 + \mathcal{N}'_1)\,\delta n_1,$$

$\mathcal{A}_1$, ..., $\mathcal{L}_1$, ..., $\mathcal{N}_1$ étant les actions extérieures, non émanées du corps 2, qui s'exercent sur le corps 1.

De même, le travail virtuel des actions extérieures appliquées au corps 2 peut s'écrire

$$d\mathcal{E}_{e2} = (\mathcal{A}_2 + \mathcal{A}'_2)\,\delta a_2 + \ldots + (\mathcal{L}_2 + \mathcal{L}'_2)\,\delta l_2 + \ldots + (\mathcal{N}_2 + \mathcal{N}'_2)\,\delta n_2,$$

$\mathcal{A}_2$, ..., $\mathcal{L}_2$, ..., $\mathcal{N}_2$ étant les actions extérieures, non émanées du corps 1, qui s'exercent sur le corps 2.

Enfin désignons, pour le corps 1, les travaux virtuels d'inertie, de viscosité et de frottement par

$$d\mathcal{E}_{j1} = J_{a1}\,\delta a_1 + \ldots + J_{l1}\,\delta l_1 + J_{m1}\,\delta m_1 + \ldots + J_{n1}\,\delta n_1,$$

$$d\mathcal{E}_{v1} = f_{a1}\,\delta a_1 + \ldots + f_{l1}\,\delta l_1 + f_{m1}\,\delta m_1 + \ldots + f_{n1}\,\delta n_1,$$

$$d\mathcal{E}_{f1} = g_{a1}\,\frac{a'_1}{|a'_1|}\,\delta a_1 + g_{b1}\,\frac{b'_1}{|b'_1|}\,\delta b_1 + \ldots + g_{l1}\,\frac{l'_1}{|l'_1|}\,\delta l_1.$$

Dans la dernière égalité, chacune des quantités g dépend de l'état du système 1, des vitesses a'_1, b'_1, ..., l'_1, m'_1, ..., n'_1, enfin de

$$(\mathcal{A}_1 + \mathcal{A}'_1), \quad \ldots, \quad (\mathcal{L}_1 + \mathcal{L}'_1), \quad \ldots, \quad (\mathcal{N}_1 + \mathcal{N}'_1).$$

Pour la partie 2, adoptons des notations analogues.

A la partie 1, appliquons l'identité (2). Nous aurons

$$(7)\quad \begin{cases} \mathcal{A}_1 + \mathcal{A}'_1 + A_1 + J_{a1} + f_{a1} + g_{a1}\dfrac{a'_1}{|a'_1|} = 0, \\ \dots\dots\dots\dots\dots\dots\dots\dots, \\ \mathcal{L}_1 + \mathcal{L}'_1 + L_1 + J_{l1} + f_{l1} + g_{l1}\dfrac{l'_1}{|l'_1|} = 0, \\ \mathfrak{M}_1 + \mathfrak{M}'_1 + M_1 + J_{m1} + f_{m1} = 0, \\ \dots\dots\dots\dots\dots\dots\dots\dots, \\ \mathfrak{N}_1 + \mathfrak{N}'_1 + N_1 + J_{n1} + f_{n1} = 0. \end{cases}$$

Si, à la partie 2, nous appliquons de même l'identité (2), nous obtiendrons des égalités analogues aux précédentes, qu'il est inutile d'écrire et que nous nous contenterons de désigner par (7 *bis*).

Multiplions respectivement les égalités (7) par $\delta a_1, \ldots, \delta l_1, \delta m_1, \ldots, \delta n_1$, les égalités (7 *bis*) par $\delta a_2, \ldots, \delta l_2, \delta m_2, \ldots, \delta n_2$ et ajoutons membre à membre les résultats obtenus; si nous désignons par $d\mathcal{E}_e, d\mathcal{E}_j, d\mathcal{E}_v$ le travail virtuel des actions extérieures, des forces d'inertie et des actions de viscosité pour le système 1-2 tout entier, nous trouverons sans peine l'égalité

$$(8)\quad \begin{aligned} 0 = d\mathcal{E}_e - \delta_T(\mathcal{F}_1 + \mathcal{F}_2 + E\Psi) + d\mathcal{E}_j + d\mathcal{E}_v \\ + g_{a1}\frac{a'_1}{|a'_1|}\delta a_1 + \ldots + g_{l1}\frac{l'_1}{|l'_1|}\delta l_1 + g_{a2}\frac{a'_2}{|a'_2|}\delta a_2 + \ldots + g_{l2}\frac{l'_2}{|l'_2|}\delta l_2. \end{aligned}$$

Si l'on tient compte de l'égalité (6), cette égalité a, comme on devait s'y attendre, la forme de l'égalité (2). On voit que, dans un système formé de plusieurs parties indépendantes 1, 2, ..., les variations privilégiées à frottement comprennent :

1° Les variations privilégiées à frottement qui définiraient les modifications virtuelles de la partie 1, considérée comme un système isolé;

2° Les variations privilégiées à frottement qui définiraient les modifications virtuelles de la partie 2, considérée comme un système indépendant, etc.

La quantité g_{a1} dépend de l'état du système 1, des vitesses $a'_1, \ldots, n'_1$, enfin des actions $(\mathcal{A}_1 + \mathcal{A}'_1), \ldots, (\mathcal{L}_1 + \mathcal{L}'_1), \ldots, (\mathfrak{N}_1 + \mathfrak{N}'_1)$; mais les actions $\mathcal{A}'_1, \ldots, \mathcal{L}'_1, \ldots, \mathfrak{N}'_1$ dépendent de l'état du système formé par les parties 1 et 2; on peut donc dire que la quantité g_{a1}, dépend de l'état de tout le système formé par les parties indépendantes 1 et 2, des vitesses $a'_1, \ldots, n'_1$, enfin des actions extérieures $\mathcal{A}'_1, \ldots, \mathfrak{N}'_1$. Les quantités $g_{b1}, \ldots, g_{l1}, g_{a2}, \ldots, g_{l2}$ prêtent à des considérations analogues qui s'accordent pleinement avec ce qui a été dit à propos de l'égalité (2).

Considérons maintenant une suite continue de systèmes, formés de deux parties indépendantes 1 et 2, et supposons que cette suite ait pour limite un système où les parties 1 et 2 présentent un ou plusieurs contacts correspondant à une liaison bilatérale exprimée par des égalités de la forme

$$(9)\quad \begin{cases} P_{a1}\,\delta a_1 + \ldots + P_{n1}\,\delta n_1 + P_{a2}\,\delta a_2 + \ldots + P_{n2}\,\delta n_2 = 0, \\ P'_{a1}\,\delta a_1 + \ldots + P'_{n1}\,\delta n_1 + P'_{a2}\,\delta a_2 + \ldots + P'_{n2}\,\delta n_2 = 0, \\ \ldots\ldots\ldots\ldots\ldots\ldots\ldots\ldots\ldots\ldots \end{cases}$$

Ces égalités s'obtiennent en exprimant que les parties 1 et 2, qui sont en contact avant le déplacement virtuel $\delta a_1, \ldots, \delta n_1, \delta a_2, \ldots, \delta n_2$, sont encore en contact après; pour les former, il suffit donc de connaître la figure et la position des parties 1 et 2 avant ce déplacement virtuel et le changement que cette modification virtuelle apporte à cette figure et à cette position. Dès lors, si certaines variations, dites *variations sans inertie*, définissent des modifications virtuelles où chacune des parties du système change de propriétés, mais sans changer de figure, ni d'état, ces variations ne figurent pas dans les conditions (9) et une modification où ces variations diffèrent seules de o n'altère pas la valeur des quantités P, P'.

Les variations $\delta a_1, \ldots, \delta n_1, \delta a_2, \ldots, \delta n_2$ étant supposées normales, la figure et la position des diverses parties du système ne varient pas lorsque les températures varient seules. Dès lors, les considérations précédentes montrent que les températures des diverses parties du système ne peuvent influer sur les valeurs des coefficients P, P'.

Nous supposerons que lorsque le système formé de deux parties indépendantes tend vers cette forme limite, les diverses grandeurs que nous avons eu à considérer dans l'étude de ce système tendent vers des limites bien déterminées.

Nous admettrons alors qu'une égalité analogue à l'égalité (2) *est vérifiée, non pas en toute modification virtuelle du système* 1-2, *mais en toute modification virtuelle qui vérifie les conditions de liaison* (9).

Dans cette équation dont nous admettons l'existence, les termes $d\mathfrak{T}_e$, $\delta_T \mathfrak{F}$, $d\mathfrak{T}_i$ sont simplement les limites vers lesquelles tendent les termes analogues relatifs au système formé de deux parties indépendantes; mais il n'en est pas de même des termes $d\mathfrak{T}_v$ et $d\mathfrak{T}_f$.

Le terme $d\mathfrak{T}_v$ sera la somme de trois autres :

1° La limite $d\mathfrak{T}_{v1}$ du travail virtuel des actions de viscosité relatives à la partie 1;

2° La limite $d\mathfrak{T}_{v2}$ du travail virtuel des actions de viscosité relatives à la partie 2;

3° Un terme $d\mathfrak{T}_{w}$, travail virtuel de la *viscosité au contact* des parties 1 et 2. Les suppositions à faire au sujet de ce terme vont arrêter un instant notre attention.

Au moyen des variations normales $\delta a_1, \ldots, \delta n_1; \delta a_2, \ldots, \delta n_2$, on peut former des combinaisons linéaires et homogènes dont les coefficients dépendent de l'état du système 1-2, mais point de la distribution des températures sur ce système; on peut évidemment choisir ces combinaisons $\delta f, \ldots, \delta g; \delta h, \ldots, \delta k$ de telle sorte qu'elles soient déterminées lorsque l'on connaît le déplacement virtuel relatif des parties 1 et 2 au voisinage de leurs points de contact et réciproquement; en outre, de telle sorte que, dans le cas où le déplacement relatif en question s'annule, on ait

$$\delta f = 0, \quad \ldots, \quad \delta g = 0, \quad \delta h = 0, \quad \ldots, \quad \delta k = 0.$$

Dès lors, il est clair que les conditions de liaisons (9) peuvent toujours se mettre sous la forme

$$(10) \qquad \begin{cases} p_f \delta f + \ldots + p_g \delta g + p_h \delta h + \ldots + p_k \delta k = 0, \\ p'_f \delta f + \ldots + p'_g \delta g + p'_h \delta h + \ldots + p'_k \delta k = 0, \\ \ldots\ldots\ldots\ldots\ldots\ldots\ldots\ldots\ldots\ldots \end{cases}$$

Les quantités $p, p', \ldots$ dépendent de l'état des corps 1 et 2 au voisinage de leurs contacts, mais point de leur température.

Pour repasser de la forme (10) des équations de liaison à la forme (9), il suffit de remplacer $\delta f, \ldots, \delta g, \delta h, \ldots, \delta k$ par leurs expressions en fonctions de $\delta a_1, \ldots, \delta n_1, \delta a_2, \ldots, \delta n_2$. On voit alors que les quantités P, P', ... sont des fonctions linéaires et homogènes des quantités $p, p', \ldots$, les coefficients dépendant de l'état des deux corps en contact, mais point de la distribution des températures.

Dans le temps dt, les parties des corps 1 et 2 qui avoisinent les contacts éprouvent un déplacement relatif réel dans lequel

$$\delta f = f' \, dt, \quad \ldots, \quad \delta g = g' \, dt, \quad \delta h = h' \, dt, \quad \ldots, \quad \delta k = k' \, dt.$$

$f', \ldots, g', h', \ldots, k'$ sont les *vitesses relatives au voisinage du contact*.

Si ces vitesses sont constamment nulles

$$(11) \qquad f' = 0, \quad \ldots, \quad g' = 0, \quad h' = 0, \quad \ldots, \quad k' = 0,$$

la liaison considérée est une *soudure*.

Ces préliminaires posés, nous admettrons que $d\mathfrak{T}_w$ est de la forme suivante :

$$(12) \qquad d\mathfrak{T}_w = F_f \delta f + \ldots + F_g \delta g + F_h \delta h + \ldots + F_k \delta k.$$

Les quantités F dépendent de l'état des parties 1 et 2 au voisinage des contacts, y compris la température de ces parties; elles dépendent en outre des vitesses relatives f', ..., g', h', ..., k'; elles s'annulent lorsque toutes ces vitesses sont nulles, en sorte que les égalités (11) entraînent les égalités

$$F_f = 0, \quad F_g = 0, \quad F_h = 0, \quad \ldots, \quad F_k = 0. \tag{13}$$

Lorsque la liaison établie entre deux corps est une soudure, les actions de viscosité au contact de ces deux corps sont identiquement nulles. C'est une proposition que nous avons énoncée et dont nous avons fait usage en la première Partie de ces *Recherches*.

Enfin, lorsque les égalités (11) ne sont pas simultanément vérifiées, on a

$$F_f f' + \ldots + F_g g' + F_h h' + \ldots + F_k k' \leqq 0. \tag{14}$$

Aux propositions précédentes on peut en adjoindre d'autres si l'on admet l'hypothèse de lord Rayleigh aux termes de laquelle il existe, pour tout système indépendant, une *fonction dissipative*.

Le corps 1, en effet, tant qu'il demeure indépendant, doit, selon cette hypothèse, admettre une fonction dissipative; les actions de viscosité qui figurent dans $d\mathfrak{T}_{v1}$ doivent donc dériver d'une telle fonction. Il doit en être de même des actions qui figurent dans $d\mathfrak{T}_{v2}$. Dès lors, pour que le système tout entier dérive d'une fonction dissipative, *il faut et il suffit que les actions de viscosité qui figurent dans $d\mathfrak{T}_w$ dérivent d'une fonction dissipative qui sera forcément une forme quadratique en f', ..., g', h', ..., k'.*

Supposons qu'à l'une des variations virtuelles δf, ..., δg, δh, ..., δk, soit la variation δk, corresponde une vitesse k' identiquement nulle; la fonction dissipative dont nous venons de parler ne renfermera pas de terme en k', en sorte que F_k sera égal à 0 et que $d\mathfrak{T}_w$ ne renfermera pas de terme en δk.

Occupons-nous maintenant du terme $d\mathfrak{T}_f$.

Ce terme, lui aussi, est la somme de trois autres :

1° Du terme

$$d\mathfrak{T}_{\varphi 1} = \mathcal{G}_{a1} \frac{a'_1}{|a'_1|} \delta a_1 + \ldots + \mathcal{G}_{l1} \frac{l'_1}{|l'_1|} \delta l_1. \tag{15}$$

Les termes $\mathcal{G}_{a1}$, ..., $\mathcal{G}_{l1}$ dépendent de l'état de tout le système formé par les parties 1 et 2, y compris la distribution des températures sur ce système; des actions extérieures appliquées à ce système; enfin des vitesses des diverses parties de ce système.

Le terme $\mathcal{G}_{a1}$ n'est pas la limite vers laquelle tend le terme g_{a1} lorsque les deux parties 1 et 2 viennent au contact. Nous verrons tout à l'heure quelle relation existe entre les quantités g_{a1} et $\mathcal{G}_{a1}$.

On a d'ailleurs

(16) $\mathcal{G}_{a1} < 0, \quad \ldots, \quad \mathcal{G}_{l1} < 0.$

2° Du terme

(15 *bis*) $d\mathcal{E}_{\varphi 2} = \mathcal{G}_{a2} \frac{a'_2}{|a'_2|} \delta a_2 + \ldots + \mathcal{G}_{l2} \frac{l'_2}{|l'_2|} \delta l_2,$

analogue au terme $d\mathcal{E}_{\varphi 1}$.

3° Du terme $d\mathcal{E}_\psi$, travail virtuel du *frottement au contact des corps* 1 *et* 2. Ce terme va être étudié de près.

Parmi les diverses manières de déterminer les variations virtuelles $\delta f, \ldots, \delta g, \delta h, \ldots, \delta k$, nous supposerons qu'il en existe au moins une telle que l'on puisse écrire

(17) $d\mathcal{E}_\psi = G_f \frac{f'}{|f'|} \delta f + \ldots + G_g \frac{g'}{|g'|} \delta g,$

le travail virtuel $d\mathcal{E}_\psi$ ne renfermant aucun terme en $\delta h, \ldots, \delta k$; il se peut, du reste, qu'il n'existe aucune variation telle que $\delta h, \ldots, \delta k$.

Si l'une des quantités $\delta f, \ldots, \delta g, \delta h, \ldots, \delta k$ correspond à une valeur nulle de celle des quantités $f', \ldots, g', h', \ldots, k'$ qui lui correspond, le facteur G correspondant est supposé égal à 0; la variation correspondante est une des variations $\delta h, \ldots, \delta k$. Dans l'étude du mouvement d'un point matériel sur une surface, nous avons déjà trouvé une occasion d'appliquer cette remarque.

Si l'une des quantités δf est nulle *par liaison*, elle cesse évidemment de figurer dans l'expression de $d\mathcal{E}_\psi$, ce qui revient au même que si l'on supposait $G_f = 0$; si la liaison établie par les égalités (10) ou les égalités (11), qui leur sont équivalentes, est telle que

$$\delta f = 0, \quad \ldots, \quad \delta g = 0,$$

$d\mathcal{E}_\psi$ est identiquement nul; le résultat est alors le même que si l'on supposait

(18) $G_f = 0, \quad \ldots, \quad G_g = 0.$

Les quantités G qui ne sont pas nulles sont négatives :

(19) $G_f < 0, \quad \ldots, \quad G_g < 0.$

Les quantités G dépendent de l'état du système, des actions extérieures qui le sollicitent, des vitesses de ses diverses parties.

On voit qu'en somme, pour passer de ce que nous avons dit au sujet du frottement en général à ce que nous venons de dire au sujet du frottement au contact de deux corps qui présentent une liaison bilatérale, il suffit de formuler une seule hypothèse qui est la suivante :

Les variations privilégiées à frottement du système formé par les corps 1 et 2 se composent :

1° *Des variations privilégiées à frottement* $\delta a_1, \ldots, \delta l_1$ *de la partie 1 considérée comme un système indépendant;*

2° *Des variations privilégiées à frottement* $\delta a_2, \ldots, \delta l_2$ *de la partie 2 considérée comme un système indépendant;*

3° *De certaines variations* $\delta f, \ldots, \delta g$ *qui sont déterminées lorsqu'on connaît le déplacement virtuel relatif des parties voisines du ou des points de contact, et qui s'annulent avec ce déplacement.*

Poussant plus loin, nous allons introduire deux autres hypothèses, auxquelles vont nous conduire les considérations suivantes :

Nous admettons, avons-nous dit, qu'une égalité analogue à l'égalité (2) doit être vérifiée. D'après ce qui vient d'être exposé, cette égalité s'écrira

$$(20) \qquad \begin{aligned} & d\mathfrak{T}_e - \delta_T \mathfrak{F} + d\mathfrak{S}_{l1} + d\mathfrak{S}_{l2} + d\mathfrak{T}_{v1} + d\mathfrak{T}_{v2} + d\mathfrak{T}_{\varphi 1} + d\mathfrak{T}_{\varphi 2} \\ & \quad + F_f \delta f + \ldots + F_g \delta g + F_h \delta h + \ldots + F_k \delta k \\ & \quad + G_f \frac{f'}{|f'|} \delta f + \ldots + G_g \frac{g'}{|g'|} \delta g = 0. \end{aligned}$$

Cette égalité (20) doit avoir lieu, non pas identiquement, mais pour toutes les modifications virtuelles qui vérifient les égalités (9) ou, ce qui revient au même, les égalités (10).

Or les quantités $\delta f, \ldots, \delta g, \delta h, \ldots, \delta k$ étant des fonctions linéaires et homogènes de $\delta a_1, \ldots, \delta n_1, \delta a_2, \ldots, \delta n_2$, le premier membre de l'égalité (20) est, en définitive, une forme linéaire et homogène des variations

$$\delta a_1, \quad \ldots, \quad \delta n_1, \quad \delta a_2, \quad \ldots, \quad \delta n_2,$$

forme que nous désignerons par

$$\Delta(\delta a_1, \ldots, \delta n_1, \delta a_2, \ldots, \delta n_2).$$

Les coefficients de cette forme dépendent de l'état du système formé par les parties 1 et 2, des actions extérieures exercées sur ce système et des vitesses $a'_1, \ldots, n'_1, a'_2, \ldots, n'_2$.

L'égalité (20) ou

$$(21)\qquad \Delta(\delta a_1, \ldots, \delta n_1, \delta a_2, \ldots, \delta n_2) = 0$$

doit être vérifiée toutes les fois que $\delta a_1, \ldots, \delta n_1, \delta a_2, \ldots, \delta n_2$ vérifient les égalités (9). Pour cela, il faut et il suffit qu'il existe des quantités $\Pi, \Pi', \ldots$, fonctions des coefficients de la forme Δ et des quantités $P, P', \ldots$ qui figurent dans les égalités (9), telles que l'on ait *identiquement*

$$(22)\qquad \begin{aligned} &\Delta(\delta a_1, \ldots, \delta n_1, \delta a_2, \ldots, \delta n_2) \\ &+ \Pi(P_{a1}\delta a_1 + \ldots + P_{n1}\delta n_1 + P_{a2}\delta a_2 + \ldots + P_{n2}\delta n_2) \\ &+ \Pi'(P'_{a1}\delta a_1 + \ldots + P'_{n1}\delta n_1 + P'_{a2}\delta a_2 + \ldots + P'_{n2}\delta n_2) \\ &+ \ldots\ldots\ldots\ldots\ldots\ldots\ldots\ldots = 0. \end{aligned}$$

Il résulte de ce qui va être supposé que des équations permettent de déterminer les quantités $\Pi, \Pi', \ldots$ lorsqu'on connaît l'état du système 1-2, les actions extérieures qui le sollicitent, enfin les vitesses $a'_1, \ldots, n'_1, a'_2, \ldots, n'_2$. Il est nécessaire de faire cette remarque avant d'énoncer les deux hypothèses que voici :

I. Si la partie 1 formait un système indépendant, le travail virtuel du frottement relatif à ce système serait de la forme

$$g_{a1}\frac{a'_1}{|a'_1|}\delta a_1 + \ldots + g_{l1}\frac{l'_1}{|l'_1|}\delta l_1.$$

Les fonctions $g_{a1}, \ldots, g_{l1}$ dépendraient, d'une manière bien déterminée :

1° De l'état du système, y compris la température en ses divers points;

2° Des vitesses $a'_1, \ldots, n'_1, a'_2, \ldots, n'_2$;

3° Des actions extérieures $\mathcal{A}_1, \ldots, \mathcal{L}_1, \mathcal{M}_1, \ldots, \mathcal{N}_1$. Nous mettrons ces dernières variables en évidence en écrivant

$$\begin{gathered} g_{a1} = g_{a1}(\mathcal{A}_1, \ldots, \mathcal{N}_1), \\ \ldots\ldots\ldots\ldots\ldots\ldots, \\ g_{l1} = g_{l1}(\mathcal{A}_1, \ldots, \mathcal{N}_1). \end{gathered}$$

Or, *nous supposerons que les fonctions* $\mathcal{G}_{a1}, \ldots, \mathcal{G}_{l1}$ *se tirent simplement des fonctions* $g_{a1}, \ldots, g_{l1}$ *en y remplaçant respectivement* $\mathcal{A}_1, \ldots, \mathcal{N}_1$ *par*

$$\begin{gathered} \mathcal{A}_1 + \mathcal{A}'_1 + \Pi P_{a1} + \Pi' P'_{a1} + \ldots, \\ \ldots\ldots\ldots\ldots\ldots\ldots\ldots\ldots, \\ \mathcal{N}_1 + \mathcal{N}'_1 + \Pi P_{n1} + \Pi' P'_{n1} + \ldots, \end{gathered}$$

de telle sorte que l'on ait

$$(23)\quad \begin{cases} \mathcal{G}_{a1} = g_{a1}(\mathcal{A}_1 + \mathcal{A}'_1 + \Pi P_{a1} + \Pi' P'_{a1} + \ldots, \ \ldots, \ \mathcal{N}_1 + \mathcal{N}'_1 + \Pi P_{n1} + \Pi' P'_{n1} + \ldots), \\ \ldots\ldots\ldots\ldots\ldots\ldots\ldots\ldots\ldots\ldots\ldots\ldots, \\ \mathcal{G}_n = g_n(\mathcal{A}_1 + \mathcal{A}'_1 + \Pi P_{a1} + \Pi' P'_{a1} + \ldots, \ \ldots, \ \mathcal{N}_1 + \mathcal{N}'_1 + \Pi P_{n1} + \Pi' P'_{n1} + \ldots). \end{cases}$$

On peut énoncer cette hypothèse sous la forme que voici :

Le travail virtuel $d\mathfrak{G}_{f1}$ se calcule exactement comme se calculerait le travail virtuel du frottement au sein d'un système indépendant qui serait identique au corps 1, mais qui serait soumis aux actions extérieures

$$\begin{array}{l} \mathcal{A}_1 + \mathcal{A}'_1 + \Pi P_{a1} + \Pi' P'_{a1} + \ldots, \\ \ldots\ldots\ldots\ldots\ldots\ldots\ldots\ldots\ldots, \\ \mathcal{N}_1 + \mathcal{N}'_1 + \Pi P_{n1} + \Pi' P'_{n1} + \ldots. \end{array}$$

Naturellement, cette hypothèse s'étend, *mutatis mutandis*, au travail virtuel $d\mathfrak{G}_{f2}$.

II. *Nous supposerons que les fonctions* $G_f, \ldots, G_g$ *s'obtiennent en remplaçant* $\Pi, \Pi', \ldots$ *par leurs valeurs dans certaines fonctions*

$$\mathfrak{S}_f(\Pi, \Pi', \ldots), \quad \ldots, \quad \mathfrak{S}_g(\Pi, \Pi', \ldots)$$

qui, outre $\Pi, \Pi', \ldots,$ *dépendent exclusivement de l'état des corps 1 et 2 au voisinage immédiat des parties que la liaison* (9) *met en contact et des vitesses* $f', \ldots, g', h', \ldots, k'$:

$$(24)\quad \begin{cases} G_f = \mathfrak{S}_f(\Pi, \Pi', \ldots), \\ \ldots\ldots\ldots\ldots\ldots, \\ G_g = \mathfrak{S}_g(\Pi, \Pi', \ldots). \end{cases}$$

D'après ce qui a été dit sur le passage des égalités (9) aux égalités (10), on a identiquement

$$\begin{array}{l} P_{a1}\,\delta a_1 + \ldots + P_{n1}\,\delta n_1 = p_f\,\delta f + \ldots + p_h\,\delta h, \\ P'_{a1}\,\delta a_1 + \ldots + P'_{n1}\,\delta n_1 = p'_f\,\delta f + \ldots + p'_h\,\delta h, \\ \ldots\ldots\ldots\ldots\ldots\ldots\ldots\ldots\ldots\ldots \end{array}$$

Dès lors, en vertu des égalités (12), (15), (15 *bis*), (17), (22), (23) et (24), on peut énoncer la proposition suivante :

En nombre égal aux équations de liaisons (9), *il existe des quantités*

$\Pi, \Pi', \ldots,$ *telles que l'on ait identiquement*

$$
\begin{aligned}
(25)\quad d\mathfrak{G}_e - \delta_T \mathfrak{F} + d\mathfrak{G}_{l1} + d\mathfrak{G}_{l2} + d\mathfrak{G}_{v1} + d\mathfrak{G}_{v2} & \\
+ F_f \delta f + \ldots + F_g \delta g + F_h \delta h + \ldots + F_k \delta k & \\
+ g_{a1}(\mathcal{A}_1 + \mathcal{A}'_1 + \Pi P_{a1} + \Pi' P'_{a1} + \ldots, \ldots) \frac{a'_1}{|a'_1|} \delta a_1 & \\
+ \ldots\ldots\ldots\ldots\ldots\ldots\ldots\ldots\ldots\ldots\ldots\ldots & \\
+ g_{l1}(\mathcal{A}_1 + \mathcal{A}'_1 + \Pi P_{a1} + \Pi' P'_{a1} + \ldots, \ldots) \frac{l'_1}{|l'_1|} \delta l_1 & \\
+ g_{a2}(\mathcal{A}_2 + \mathcal{A}'_2 + \Pi P_{a2} + \Pi' P'_{a2} + \ldots, \ldots) \frac{a'_2}{|a'_2|} \delta a_2 & \\
+ \ldots\ldots\ldots\ldots\ldots\ldots\ldots\ldots\ldots\ldots\ldots\ldots & \\
+ g_{l2}(\mathcal{A}_2 + \mathcal{A}'_2 + \Pi P_{a2} + \Pi' P'_{a2} + \ldots, \ldots) \frac{l'_2}{|l'_2|} \delta l_2 & \\
+ \Phi_f(\Pi, \Pi', \ldots) \frac{f'}{|f'|} \delta f + \ldots + \Phi_g(\Pi, \Pi', \ldots) \frac{g'}{|g'|} \delta g & \\
+ \Pi (P_{a1} \delta a_1 + \ldots + P_{n1} \delta n_1 + P_{a2} \delta a_2 + \ldots + P_{n2} \delta n_2) & \\
+ \Pi' (P'_{a1} \delta a_1 + \ldots + P'_{n1} \delta n_1 + P'_{a2} \delta a_2 + \ldots + P'_{n2} \delta n_2) & \\
+ \ldots\ldots\ldots\ldots\ldots\ldots\ldots\ldots\ldots\ldots\ldots\ldots & = 0.
\end{aligned}
$$

Si, dans cette égalité, nous remplaçons les quantités $\delta f, \ldots, \delta g, \delta h, \ldots, \delta k$ par leurs expressions linéaires et homogènes en $\delta a_1, \ldots, \delta n_1, \delta a_2, \ldots, \delta n_2$, nous trouvons une égalité dont le premier membre est une forme linéaire et homogène par rapport aux ν_1 quantités $\delta a_1, \ldots, \delta n_1$ et aux ν_2 quantités $\delta a_2, \ldots, \delta n_2$. Cette égalité devant avoir lieu quelles que soient ces $(\nu_1 + \nu_2)$ variations, nous trouvons $(\nu_1 + \nu_2)$ égalités indépendantes de ces variations.

Parmi ces variations, il peut se faire qu'il en existe un certain nombre ρ qui soient *sans inertie*, c'est-à-dire telles que les quantités J correspondantes soient identiquement nulles; les $\sigma = \nu_1 + \nu_2 - \rho$ autres sont affectées d'inertie.

Les ρ premières sont telles que les modifications virtuelles qu'elles représentent n'entraînent, pour les diverses masses qui composent les parties 1 et 2, aucun déplacement dans l'espace. Dès lors, comme nous l'avons vu, il est certain qu'elles ne figurent pas dans les conditions (9) et, de plus, que les coefficients P ne varieraient pas dans une modification virtuelle où ces seules variations seraient différentes de 0. Ce que nous venons de dire de ces ρ variations peut se répéter de la température T.

Les conditions (9), dont nous désignerons le nombre par ϖ, appliquées à la modification réelle que le système subit dans le temps dt, donnent les relations

$$
\begin{aligned}
P_{a1} a'_1 + \ldots + P_{n1} n'_1 + P_{a2} a'_2 + \ldots + P_{n2} n'_2 &= 0, \\
P'_{a1} a'_1 + \ldots + P'_{n1} n'_1 + P'_{a2} a'_2 + \ldots + P'_{n2} n'_2 &= 0, \\
\ldots\ldots\ldots\ldots\ldots\ldots\ldots\ldots\ldots\ldots &
\end{aligned}
$$

En différentiant ces relations par rapport à t, nous obtiendrons ϖ nouvelles relations où figureront celles des accélérations $a''_1, \ldots, n''_1, a''_2, \ldots, n''_2$ qui correspondent à des variations à inertie; σ en sera le nombre; ni les températures, ni leurs dérivées par rapport à t n'y figureront.

Nous obtenons ainsi $(\sigma + \varpi)$ relations linéaires par rapport aux σ accélérations qui correspondent aux variations à inertie. Ces relations dépendent, en outre, des ϖ facteurs $\Pi, \Pi', \ldots$, de l'état du système, y compris la température de ses diverses parties, des actions extérieures et des vitesses $a'_1, \ldots, n'_1, a'_2, \ldots, n'_2$; les vitesses de variation de la température des diverses parties n'y figurent pas. Ces $(\sigma + \varpi)$ relations sont ce que nous nommerons les *relations du premier groupe*.

Nous avons, en outre, fournies par les variations sans inertie, ρ *relations du second groupe*, où figurent les ϖ facteurs $\Pi, \Pi', \ldots$ et qui dépendent de l'état du système à l'instant t, y compris sa température aux divers points, des actions extérieures et des vitesses, sauf de la vitesse de variation de la température.

Entre les $(\sigma + \varpi)$ relations du premier groupe, éliminons les σ accélérations qui y figurent et qui se rapportent toutes aux variations à inertie. Il nous restera ϖ équations permettant de déterminer les ϖ facteurs $\Pi, \Pi', \ldots$ en fonctions de l'état du système, y compris la température aux divers points, des actions extérieures et des vitesses $a'_1, \ldots, n'_1, a'_2, \ldots, n'_2$. Ce premier résultat rend légitime les hypothèses formulées tout à l'heure.

Dans les $(\rho + \sigma)$ relations qui fournit l'identité (25), remplaçons $\Pi, \Pi', \ldots$ par les valeurs ainsi déterminées. Il nous restera $(\rho + \sigma)$ équations dépendant de l'état du système, *y compris la température* T en ses diverses parties, des actions extérieures et des vitesses $a'_1, \ldots, n'_1, a'_2, \ldots, n'_2$; en outre, σ de ces équations, celles qui proviennent des σ variations à inertie, contiendront les σ accélérations correspondantes.

Si l'on connaissait la loi de variation des actions extérieures et de la température T en fonction de t, ces équations détermineraient les lois du mouvement du système, pourvu que l'on connût son état initial et les vitesses initiales qui correspondent aux variations à inertie. Mais, comme la variation des températures T en fonction de t n'est pas, en général, connue, il faudra, aux équations précédentes, joindre autant de *relations supplémentaires* qu'il y a, dans le système, de températures indépendantes.

Pour terminer ces considérations générales sur le frottement, il nous reste à faire la remarque suivante :

La méthode qui nous a servi à passer d'un système formé de parties indépendantes à un système où ces parties présentent une liaison, permet également de passer d'un système où figure une liaison à un système où figurent deux liaisons, et ainsi de suite.

A chaque liaison correspondra un système de variations à frottement telles que δf, ..., δg; des facteurs analogues à H, H', ...; un travail virtuel de frottement analogue à $d\mathcal{E}_w$. *Le travail virtuel des actions de frottement qui s'exercent aux divers contacts est la somme de ces quantités analogues à* $d\mathcal{E}_w$.

§ 2. — Frottement au contact de deux corps solides.

Avant d'étendre ces considérations aux systèmes composés d'un solide indéformable et d'un fluide, ou bien aux systèmes composés de deux fluides, nous allons les appliquer au cas bien connu de deux solides indéformables qui se touchent en un point.

Pour un solide indépendant, le potentiel interne dépend exclusivement de la température. On a donc

$$\delta_T \mathcal{F}_1 = 0, \qquad \delta_T \mathcal{F}_2 = 0$$

et, partant,

$$\delta_T \mathcal{F} = E\,\delta\Psi.$$

Le mouvement virtuel le plus général d'un solide invariable n'entraîne aucun travail de viscosité ni de frottement; on a donc

$$d\mathcal{E}_{v1} = 0, \qquad d\mathcal{E}_{v2} = 0,$$
$$d\mathcal{E}_{\varphi 1} = 0, \qquad d\mathcal{E}_{\varphi 2} = 0.$$

Le corps 1 et le corps 2 se touchent en un point O. Le déplacement relatif virtuel le plus général du corps 2 par rapport au corps 1 peut toujours se ramener à une rotation autour d'un axe passant par le point O et à une translation. Il en est de même du déplacement relatif réel du corps 2 par rapport au corps 1 pendant le temps dt. Mais ici, comme on doit supposer les deux corps 1 et 2 en contact aussi bien à l'instant $(t + dt)$ qu'à l'instant t, la translation devra être parallèle au plan tangent commun aux deux corps 1 et 2.

Le déplacement relatif réel du corps 2 par rapport au corps 1, dans le temps dt, peut donc se décomposer en trois :

1° Une rotation $p'dt$ autour de la normale commune ON aux deux corps; cette rotation constitue le *pivotement* pendant le temps dt;

2° Une rotation $r'dt$ autour d'une droite OR menée dans le plan tangent commun; cette rotation constitue le *roulement* pendant le temps dt et OR est l'*axe de roulement*.

3° Une translation $g'dt$ suivant une droite OG située dans le plan tangent commun; cette translation constitue le *glissement* pendant le temps dt et OG est la *direction du glissement*.

Un déplacement relatif virtuel du corps 2 par rapport au corps 1 peut toujours se décomposer en six autres :

1° Une rotation δp autour de la normale commune ON;

2° Une rotation δr autour de l'axe de roulement OR;

3° Une rotation $\delta \rho$ autour d'une droite O$\mathcal{R}$, située dans le plan tangent commun et perpendiculaire à OR;

4° Une translation δn parallèle à la normale commune ON;

5° Une translation δg parallèle à la direction de glissement OG;

6° Une translation $\delta \gamma$ parallèle à une direction O$\mathcal{G}$ située dans le plan tangent commun et perpendiculaire à OG.

Nous admettrons que les six variations

$$\delta p, \quad \delta r, \quad \delta \rho, \quad \delta n, \quad \delta g, \quad \delta \gamma$$

jouent ici le rôle qui est attribué, dans la théorie générale, aux quantités

$$\delta f, \quad \ldots, \quad \delta g, \quad \delta h, \quad \ldots, \quad \delta k.$$

En la modification réelle qui se produit pendant le temps dt, on a

$$\begin{aligned} \delta p &= p'\,dt, & \delta r &= r'\,dt, & \delta \rho &= 0, \\ \delta n &= 0, & \delta g &= g'\,dt, & \delta \gamma &= 0. \end{aligned}$$

D'après ce que nous avons vu, les variations virtuelles $\delta \rho$, $\delta \gamma$, δn ne figureront pas dans le travail virtuel de la viscosité de contact qui aura pour expression

$$d\mathcal{C}_w = F_p\,\delta p + F_r\,\delta r + F_g\,\delta g, \tag{26}$$

les fonctions F_p, F_r, F_g dépendant de la nature et de l'état des corps en contact et, en outre, des vitesses p', r', g'.

Les vitesses ρ' et γ' étant nulles par définition et δn étant nul par liaison, $d\mathcal{C}_\psi$ ne renferme aucun terme en $\delta \rho$, $\delta \gamma$, δn :

$$d\mathcal{C}_\psi = G_p \frac{p'}{|p'|}\,\delta p + G_r \frac{r'}{|r'|}\,\delta r + G_g \frac{g'}{|g'|}\,\delta g. \tag{27}$$

Pour définir le déplacement virtuel le plus général du système, il suffit d'adjoindre aux six variations

$$\delta p, \quad \delta r, \quad \delta \rho, \quad \delta n, \quad \delta g, \quad \delta \gamma$$

six autres variations définissant un mouvement d'ensemble du système, d'ailleurs identique au déplacement d'ensemble le plus général du corps 1. Ces six variations peuvent toujours se ramener aux trois composantes $\delta \lambda$, $\delta \mu$, $\delta \nu$ d'une rotation et aux trois composantes $\delta \xi$, $\delta \eta$, $\delta \zeta$ d'une translation.

On pourra toujours écrire

$$(28)\qquad \begin{aligned} d\mathfrak{T}_e - \mathrm{E}\,\delta\Psi = {} & \mathrm{X}\,\delta\xi + \mathrm{Y}\,\delta\eta + \mathrm{Z}\,\delta\zeta \\ & + \mathrm{L}\,\delta\lambda + \mathrm{M}\,\delta\mu + \mathrm{N}\,\delta\nu \\ & + \mathfrak{A}\,\delta p + \mathfrak{B}\,\delta r + \mathfrak{S}\,\delta\rho + \mathfrak{O}\,\delta n + \mathfrak{C}\,\delta g + \mathfrak{J}\,\delta\gamma. \end{aligned}$$

Le travail des forces d'inertie $d\mathfrak{T}_j$ sera une fonction linéaire et homogène des douze mêmes variations indépendantes.

Enfin la liaison qui existe entre les deux corps s'exprimera par l'égalité

$$(29)\qquad \delta n = 0.$$

Dès lors, d'après ce que nous avons vu, il existera une grandeur Π dépendant de l'état des deux corps 1 et 2, de leurs vitesses et des actions qui s'exercent sur eux, telle qu'on ait l'égalité

$$(30)\qquad d\mathfrak{T}_e - \mathrm{E}\,\delta\Psi + d\mathfrak{T}_i + d\mathfrak{T}_w + d\mathfrak{T}_\psi + \Pi\,\delta n = 0,$$

quelles que soient les variations

$$\delta\xi,\quad \delta\eta,\quad \delta\zeta,\quad \delta\lambda,\quad \delta\mu,\quad \delta\nu,$$
$$\delta p,\quad \delta r,\quad \delta\rho,\quad \delta n,\quad \delta g,\quad \delta\gamma.$$

D'ailleurs les coefficients G_p, G_r, G_g peuvent être ramenés à ne dépendre que de l'état des corps 1 et 2, des vitesses p', r', g' et de Π :

$$(31)\qquad \left\{\begin{aligned} G_p &= \mathfrak{G}_p(\Pi, p', r', g'), \\ G_r &= \mathfrak{G}_r(\Pi, p', r', g'), \\ G_g &= \mathfrak{G}_g(\Pi, p', r', g'). \end{aligned}\right.$$

Dès lors, l'égalité (30), jointe aux égalités (26), (27), (28) et (31), nous fournit les douze relations suivantes :

$$(32)\qquad \left\{\begin{aligned} & \mathrm{X} + \mathrm{J}_\xi = 0, \quad && \mathrm{Y} + \mathrm{J}_\eta = 0, \quad && \mathrm{Z} + \mathrm{J}_\zeta = 0, \\ & \mathrm{L} + \mathrm{J}_\lambda = 0, \quad && \mathrm{M} + \mathrm{J}_\mu = 0, \quad && \mathrm{N} + \mathrm{J}_\nu = 0, \end{aligned}\right.$$

$$(33)\qquad \mathfrak{O} + \mathrm{J}_n + \Pi = 0,$$

$$(34)\qquad \mathfrak{S} + \mathrm{J}_\rho = 0, \qquad \mathfrak{J} + \mathrm{J}_\gamma = 0,$$

$$(35)\qquad \left\{\begin{aligned} & \mathfrak{A} + \mathrm{J}_p + \mathrm{F}_p + \mathfrak{G}_p \frac{p'}{|p'|} = 0, \\ & \mathfrak{B} + \mathrm{J}_r + \mathrm{F}_r + \mathfrak{G}_r \frac{r'}{|r'|} = 0, \\ & \mathfrak{C} + \mathrm{J}_g + \mathrm{F}_g + \mathfrak{G}_g \frac{g'}{|g'|} = 0, \end{aligned}\right.$$

auxquelles il faut joindre la treizième équation

$$n' = 0, \tag{36}$$

qui résulte de la liaison (29), pour obtenir les treize équations du mouvement du système.

Les trois équations (35) n'ont de sens que si les trois quantités p', r', g' sont différentes de o. Si l'une d'elles, p' par exemple, devenait égale à o, la première n'aurait plus de sens.

Mais, d'autre part, l'hypothèse selon laquelle p' est différent de o peut fort bien, elle aussi, conduire à des résultats inacceptables.

En effet, la première équation (35) équivaut, en réalité, à deux équations distinctes, savoir : L'équation

$$\mathcal{A} + \mathrm{J}_p + \mathrm{F}_p + \mathfrak{G}_p = 0, \tag{35 bis}$$

que l'on ne doit employer que si p' est positif, et l'équation

$$\mathcal{A} + \mathrm{J}_p + \mathrm{F}_p - \mathfrak{G}_p = 0, \tag{35 ter}$$

que l'on ne doit point employer à moins que p' ne soit négatif.

Or, on peut fort bien se trouver dans les conjonctures suivantes : Si l'on remplace la première équation (35) par l'équation (35 *bis*), les équations du mouvement du système donnent pour p' une valeur négative; si, au contraire, on remplace la première équation (35) par l'équation (35 *ter*), les équations du mouvement du système fournissent pour p' une valeur positive.

Dans ce cas, l'hypothèse qu'il existe une vitesse de pivotement différente de o conduit, on le voit, à une contradiction; on est contraint de supposer que le corps 2 ne pivote pas sur le corps 1, de poser constamment

$$p' = 0. \tag{36}$$

Mais alors, la mise en équation du problème doit être modifiée.

Doit-on considérer l'hypothèse (36) de la manière suivante :

La vitesse p' est nulle identiquement, mais la variation virtuelle δp n'est pas nécessairement nulle?

Dans ce cas, d'après le postulat que nous avons formulé, il suffira d'égaler F_p, G_p et, partant, $\mathfrak{G}_p$ à zéro.

Dès lors, la première équation (35) deviendra

$$\mathcal{A} + \mathrm{J}_p = 0. \tag{35_{iv}}$$

Mais alors, à la seule première équation (35), nous nous trouvons avoir substitué les deux équations (35_{iv}) et (36); comme le nombre des inconnues n'a pas changé, il est à prévoir que le nombre des équations sera devenu surabondant et que le nouveau problème conduira encore à des impossibilités.

Par conséquent, on doit regarder l'égalité (36) comme résultant de l'hypothèse suivante :

*Au problème primitif, reconnu impossible, nous substituons un nouveau problème qui diffère du précédent par l'*INTRODUCTION DE L'ÉQUATION DE LIAISON

$$\delta p = 0. \tag{36 bis}$$

Dans ce cas, on doit bien encore égaler à 0 les coefficients F_p, $G_{p'}$, $\mathfrak{G}_{p'}$; mais l'égalité (30) ne doit plus avoir lieu identiquement, elle doit avoir lieu seulement en vertu de la condition (36 *bis*); il doit donc exister une grandeur P dépendant de l'état des deux corps 1 et 2, de leurs vitesses et des actions qui s'exercent sur eux, telle que l'on ait identiquement

$$d\mathfrak{T}_e - E\,\delta\Psi + d\mathfrak{T}_l + d\mathfrak{T}_w + d\mathfrak{T}_\psi - \Pi\,\delta n - P\,\delta p = 0. \tag{30 bis}$$

Alors les coefficients G_r, G_g peuvent être ramenés à ne dépendre que de l'état des corps 1 et 2, des valeurs r' et g' *et des grandeurs* Π *et* P :

$$\left\{\begin{aligned} G_r &= \mathfrak{G}'_r(\Pi, P, r', g'), \\ G_g &= \mathfrak{G}'_g(\Pi, P, r', g'). \end{aligned}\right. \tag{31 bis}$$

La première égalité (35) est remplacée non par l'égalité (35_{iv}), mais par l'égalité

$$\mathfrak{A} + J_p + P = 0. \tag{35_{v}}$$

La première égalité (35) est donc remplacée par les équations (35_{v}) et (36), ce qui augmente encore d'une unité le nombre des équations du problème; mais l'introduction de la nouvelle action de liaison P augmente aussi d'une unité le nombre des inconnues. Cette manière nouvelle d'envisager l'introduction de la relation (36) ne conduit donc plus à une impossibilité, comme la précédente méthode.

Ce que nous venons de dire au sujet du pivotement peut se répéter au sujet du roulement et du glissement.

Habituellement, on fait, au sujet du frottement entre solides, des hypothèses plus restreintes que celles dont nous avons donné l'exposé; on suppose que l'on a

$$(37)\qquad \begin{cases} F_p = 0, & F_r = 0, & F_g = 0, \\ \mathfrak{G}_p = H_p H, & \mathfrak{G}_r = H_r H, & \mathfrak{G}_g = H_g H, \end{cases}$$

les quantités H_p, H_r, H_g dépendant exclusivement de l'état des corps 1 et 2, mais point des vitesses p', r', g' de pivotement, de roulement et de glissement, ni de pression H.

CHAPITRE II.

ÉTABLISSEMENT DES CONDITIONS AUX LIMITES.

§ 1. — Viscosité et frottement à la surface de contact de deux corps, dont l'un au moins est fluide.

Au Chapitre précédent, nous avons supposé qu'il existait entre les corps 1 et 2 un nombre limité de liaisons dont chacune correspondait à un nombre également fini de conditions; nous avons été amenés alors à regarder les quantités $d\mathfrak{G}_w$, $d\mathfrak{G}_\psi$ comme la somme d'autant de termes distincts qu'il y avait de liaisons indépendantes et nous avons étudié en détail la forme d'un de ces termes.

Nous allons aborder maintenant un cas un peu plus compliqué.

Supposons que deux corps 1 et 2, dont l'un au moins est fluide, soient assujettis à demeurer en contact tout le long d'une certaine surface S. Si δx_1, δy_1, δz_1 sont les composantes du déplacement virtuel d'un point du corps 1, tandis que δx_2, δy_2, δz_2 sont les composantes du déplacement virtuel d'un point du corps 2, nous devrons avoir, à tout instant et en tout point de la surface S,

$$(38)\quad (\delta x_1 - \delta x_2)\cos(N, x) + (\delta y_1 - \delta y_2)\cos(N, y) + (\delta z_1 - \delta z_2)\cos(N, z) = 0,$$

N étant la normale à la surface S dirigée, par exemple, vers l'intérieur du corps 2.

La liaison imposée ici s'exprime non par un nombre limité de conditions, mais par une condition vérifiée en tous les points de la surface S, c'est-à-dire par une infinité d'équations; ou mieux, on peut dire que nous imposons aux corps 1 et 2 une infinité de liaisons bilatérales dont chacune se rapporte à un point de la surface S et s'exprime par la condition (38) qui se rapporte à ce point.

Nous sommes amenés ainsi à penser que le travail de viscosité et le travail de frottement au contact des corps 1 et 2 peuvent se mettre sous la forme

$$(39)\qquad d\mathfrak{C}_w = \int d\tau_w\, dS, \qquad d\mathfrak{C}_\psi = \int d\tau_\psi\, dS,$$

$d\tau_w$, $d\tau_\psi$ vérifiant des hypothèses analogues à celles que nous avons énoncées, au Chapitre précédent, pour $d\mathfrak{C}_w$, $d\mathfrak{C}_\psi$.

Soient u_1, v_1, w_1 les composantes de la vitesse en un point du corps 1 et u_2, v_2, w_2 les composantes de la vitesse en un point du corps 2. La condition (38) exige que l'on ait, à tout instant et en tout point de la surface S,

$$(40)\qquad (u_1 - u_2)\cos(N, x) + (v_1 - v_2)\cos(N, y) + (w_1 - w_2)\cos(N, z) = 0.$$

La vitesse relative est donc tangente à la surface S; en chaque point M de la surface S et à chaque instant, nous désignerons par Mr la tangente à la surface S qui marque la direction de la vitesse relative, dont $(u_1 - u_2)$, $(v_1 - v_2)$, $(w_1 - w_2)$ sont les composantes, et par r' cette vitesse relative, comptée positivement suivant Mr.

Soit Ms une ligne tangente en M à la surface S et perpendiculaire à Mr; par définition, nous aurons

$$(41)\qquad (u_1 - u_2)\cos(s, x) + (v_1 - v_2)\cos(s, y) + (w_1 - w_2)\cos(s, z) = 0.$$

Considérons, pour les corps 1 et 2, un déplacement virtuel quelconque, soumis ou non à la condition (38); dans cette modification, le déplacement relatif des corps 1 et 2, au voisinage du point M, est déterminé si l'on connaît les trois quantités

$$(42)\qquad \left\{\begin{aligned} \delta N &= (\delta x_1 - \delta x_2)\cos(N, x) + (\delta y_1 - \delta y_2)\cos(N, y) + (\delta z_1 - \delta z_2)\cos(N, z),\\ \delta r &= (\delta x_1 - \delta x_2)\cos(r, x) + (\delta y_1 - \delta y_2)\cos(r, y) + (\delta z_1 - \delta z_2)\cos(r, z),\\ \delta s &= (\delta x_1 - \delta x_2)\cos(s, x) + (\delta y_1 - \delta y_2)\cos(s, y) + (\delta z_1 - \delta z_2)\cos(s, z). \end{aligned}\right.$$

Si les corps 1 et 2 sont isotropes, nous admettrons que ces quantités δN, δr, δs sont les variations normales privilégiées dont dépendent $d\tau_w$ et $d\tau_\psi$.

Dans le temps dt se produit une modification réelle pour laquelle on a

$$\delta N = N'\,dt, \qquad \delta r = r'\,dt, \qquad \delta s = s'\,dt.$$

Mais les égalités (40), (42), (41) donnent sans peine

$$N' = 0, \qquad s' = 0.$$

Les quantités $d\tau_w$, $d\tau_\psi$ ne doivent donc renfermer ni terme en δN, ni terme en δs, en sorte que l'on aura

$$d\mathfrak{G}_w = \int F\,\delta r\,dS, \tag{43}$$

$$d\mathfrak{G}_\psi = \int G\,\frac{r'}{|r'|}\,\delta r\,dS. \tag{44}$$

Ces égalités vont se mettre sous une forme un peu différente.

F dépend de l'état des corps 1 et 2 au voisinage du point M et de la vitesse r'; nulle avec r', cette quantité est toujours de signe contraire à r'; on peut donc écrire

$$F = fr', \tag{45}$$

f étant une fonction de r' et de l'état des corps 1 et 2 au voisinage du point M; cette quantité est toujours négative :

$$f < 0. \tag{46}$$

D'autre part, la seconde égalité (42) donne

$$r'\delta r = (u_1 - u_2)(\delta x_1 - \delta x_2) + (v_1 - v_2)(\delta y_1 - \delta y_2) + (w_1 - w_2)(\delta z_1 - \delta z_2). \tag{47}$$

Les égalités (43), (45) et (47) donnent

$$d\mathfrak{G}_w = \int f[(u_1 - u_2)(\delta x_1 - \delta x_2) + (v_1 - v_2)(\delta y_1 - \delta y_2) + (w_1 - w_2)(\delta z_1 - \delta z_2)]\,dS. \tag{48}$$

Si l'on observe que

$$|r'| = [(u_1 - u_2)^2 + (v_1 - v_2)^2 + (w_1 - w_2)^2]^{\frac{1}{2}}, \tag{49}$$

les égalités (44) et (47) donnent

$$d\mathfrak{G}_\psi = \int G\,\frac{[(u_1 - u_2)(\delta x_1 - \delta x_2) + (v_1 - v_2)(\delta y_1 - \delta y_2) + (w_1 - w_2)(\delta z_1 - \delta z_2)]}{[(u_1 - u_2)^2 + (v_1 - v_2)^2 + (w_1 - w_2)^2]^{\frac{1}{2}}}\,dS. \tag{50}$$

L'équation générale du mouvement du système peut désormais s'écrire sans difficulté.

La quantité $-E\delta\Psi$ est la somme de deux termes; l'un est le travail virtuel des actions que le corps 2 exerce sur le corps 1, l'autre est le travail virtuel des actions que le corps 1 exerce sur le corps 2; si donc on désigne par $d\mathfrak{G}_{e1}$ le travail virtuel des actions que le corps 1 subit de la part des corps extérieurs, *y compris le corps* 2, par $d\mathfrak{G}_{e2}$ le travail virtuel des actions que le corps 2 subit de la part des corps extérieurs, *y compris le corps* 1, on pourra écrire

$$d\mathfrak{T}_e - \mathrm{E}\,\delta\Psi = d\mathfrak{T}_{e1} + d\mathfrak{T}_{e2}$$

et l'égalité (20) pourra s'écrire

$$(51)\qquad \begin{aligned} &d\mathfrak{T}_{e1} - \mathrm{E}\,\delta_{\mathrm{T}}\mathfrak{F}_1 + d\mathfrak{T}_{l1} + d\mathfrak{T}_{v1} + d\mathfrak{T}_{\varphi 1} \\ &+ d\mathfrak{T}_{e2} - \mathrm{E}\,\delta_{\mathrm{T}}\mathfrak{F}_2 + d\mathfrak{T}_{l2} + d\mathfrak{T}_{v2} + d\mathfrak{T}_{\varphi 2} \\ &\qquad + d\mathfrak{T}_w + d\mathfrak{T}_\psi = 0. \end{aligned}$$

Cette égalité ne doit pas avoir lieu quelles que soient les modifications virtuelles imposées aux corps 1 et 2, mais seulement pour les modifications virtuelles qui respectent la condition de liaison (38). Dès lors, les principes du calcul des variations nous enseignent qu'il existe une quantité ϖ, variable d'une manière continue le long de la surface S, telle que l'égalité

$$(52)\qquad \begin{aligned} &d\mathfrak{T}_{e1} - \mathrm{E}\,\delta_{\mathrm{T}}\mathfrak{F}_1 + d\mathfrak{T}_{l1} + d\mathfrak{T}_{v1} + d\mathfrak{T}_{\varphi 1} \\ &+ d\mathfrak{T}_{e2} - \mathrm{E}\,\delta_{\mathrm{T}}\mathfrak{F}_2 + d\mathfrak{T}_{l2} + d\mathfrak{T}_{v2} + d\mathfrak{T}_{\varphi 2} \\ &\qquad + d\mathfrak{T}_w + d\mathfrak{T}_\psi \\ &- \int \varpi[(\delta x_1 - \delta x_2)\cos(\mathrm{N}, x) + (\delta y_1 - \delta y_2)\cos(\mathrm{N}, y) + (\delta z_1 - \delta z_2)\cos(\mathrm{N}, z)]\,d\mathrm{S} = 0 \end{aligned}$$

ait lieu quelle que soit la modification virtuelle imposée à chacun des corps 1 et 2.

En outre, la quantité G pourra s'exprimer en fonction de l'état des corps 1 et 2 au voisinage du point M auquel elle se rapporte, de r' et de ϖ.

Les corps 1 et 2 étant supposées isotropes, l'état de chacun d'eux en un point est déterminé lorsqu'on connaît sa densité et sa température en ce point. Soient ρ_1, ρ_2 les densités des corps 1 et 2 au voisinage du point M; soit T leur commune température au voisinage de ce point; nous pourrons écrire

$$(53)\qquad \mathrm{G} = \Phi(\rho_1, \rho_2, \mathrm{T}, r', \varpi) < 0.$$

Nous aurons aussi

$$(46\ bis)\qquad f = f(\rho_1, \rho_2, \mathrm{T}, r') < 0.$$

§ 2. — Conditions vérifiées a la surface de contact de deux fluides.

Supposons que le corps 1 soit un corps fluide. Nous aurons alors, en conservant les hypothèses faites dans la première Partie de ces *Recherches*,

$$d\mathfrak{T}_{\varphi 1} = 0.$$

En outre, $d\mathfrak{T}_{v1}$ sera donné par ce que nous avons dit, en cette première Partie, sur la viscosité au sein des fluides.

Donnons d'abord au fluide 1 une modification virtuelle telle que δx_1, δy_1, δz_1 s'annulent tout le long de la surface S; laissons le corps 2 invariable. L'égalité (52) deviendra

$$d\mathfrak{T}_{e1} - \mathrm{E}\,\delta_{\mathrm{T}}\mathfrak{F}_1 + d\mathfrak{T}_{l1} + d\mathfrak{T}_{v1} = 0.$$

C'est l'équation (2) de la première Partie de ces *Recherches*. Elle entraîne comme conséquence l'existence, au sein du fluide 1, des équations de l'Hydrodynamique.

Celles-ci admises, on peut obtenir, par un calcul que nous avons déjà fait ([1]), le résultat suivant :

Dans une modification virtuelle *absolument quelconque* du fluide 1, on a

$$(54)\quad \begin{aligned} d\mathfrak{T}_{e1} - \mathrm{E}\,\delta_{\mathrm{T}}\mathfrak{F}_1 + d\mathfrak{T}_{l1} + d\mathfrak{T}_{v1} \\ = \int \big\{ [\Pi_1 \cos(\mathrm{N}, x) + p_{x1}]\,\delta x_1 + [\Pi_1 \cos(\mathrm{N}, y) + p_{y1}]\,\delta y_1 \\ + [\Pi_1 \cos(\mathrm{N}, z) + p_{z1}]\,\delta z_1 \big\}\, d\mathrm{S}, \end{aligned}$$

Π_1 étant la pression à l'intérieur du fluide 1 et p_{x1}, p_{y1}, p_{z1} étant, pour ce fluide, les composantes de la pression de viscosité, telles que les déterminent les égalités (48) et (51), en la première Partie de ces *Recherches*.

Supposons maintenant que le corps 2 soit, lui aussi, un fluide; en raisonnant comme nous venons de le faire, nous prouverons, en premier lieu, que les équations de l'Hydrodynamique doivent être vérifiées en tous les points de ce fluide; en second lieu, que l'on a, en toute modification virtuelle du fluide 2,

$$(54\ bis)\quad \begin{aligned} d\mathfrak{T}_{e2} - \mathrm{E}\,\delta_{\mathrm{T}}\mathfrak{F}_2 + d\mathfrak{T}_{l2} + d\mathfrak{T}_{v2} \\ = -\int \big\{ [\Pi_2 \cos(\mathrm{N}, x) - p_{x2}]\,\delta x_2 + [\Pi_2 \cos(\mathrm{N}, y) - p_{y2}]\,\delta y_2 \\ + [\Pi_2 \cos(\mathrm{N}, z) - p_{z2}]\,\delta z_2 \big\}\, d\mathrm{S}. \end{aligned}$$

Dès lors, en vertu des égalités (48), (50), (53), (54) et (54 *bis*), l'égalité (52)

([1]) *Recherches sur l'Hydrodynamique*, IIe Partie, Chapitre I, § 2.

devient

$$(55)\quad \int \Big\{ \left[(\Pi_1-\varpi)\cos(N,x)+p_{x1}+f(u_1-u_2)+\mathfrak{G}\frac{u_1-u_2}{|r'|}\right]\delta x_1$$
$$+\left[(\Pi_1-\varpi)\cos(N,y)+p_{y1}+f(v_1-v_2)+\mathfrak{G}\frac{v_1-v_2}{|r'|}\right]\delta y_1$$
$$+\left[(\Pi_1-\varpi)\cos(N,z)+p_{z1}+f(w_1-w_2)+\mathfrak{G}\frac{w_1-w_2}{|r'|}\right]\delta z_1$$
$$-\left[(\Pi_2-\varpi)\cos(N,x)+p_{x2}+f(u_1-u_2)+\mathfrak{G}\frac{u_1-u_2}{|r'|}\right]\delta x_2$$
$$-\left[(\Pi_2-\varpi)\cos(N,y)+p_{y2}+f(v_1-v_2)+\mathfrak{G}\frac{v_1-v_2}{|r'|}\right]\delta y_2$$
$$-\left[(\Pi_2-\varpi)\cos(N,z)+p_{z2}+f(w_1-w_2)+\mathfrak{G}\frac{w_1-w_2}{|r'|}\right]\delta z_2 \Big\} dS = 0.$$

Les six quantités δx_1, δy_1, δz_1, δx_2, δy_2, δz_2 sont entièrement arbitraires; donc, en chaque point de la surface S, les coefficients qui, sous le signe $\int$, affectent ces six quantités, doivent être égaux à o. On obtient ainsi six équations qui doivent être vérifiées en tout point de la surface S. Au lieu de transcrire simplement ces six équations, nous allons leur donner une forme symétrique.

Dans ce but, nous désignerons par n_1 la normale dirigée vers l'intérieur du fluide 1 et par n_2 la normale dirigée vers l'intérieur du fluide 2; n_2 coïncidera avec N et n_1 sera opposé à N; en outre, nous aurons [1re Partie, égalités (48)]

$$(56)\quad \begin{cases} p_{x1} = -[\nu_{x1}\cos(n_1,x)+\tau_{z1}\cos(n_1,y)+\tau_{y1}\cos(n_1,z)], \\ \dots\dots\dots\dots\dots\dots\dots\dots\dots\dots, \\ p_{x2} = -[\nu_{x2}\cos(n_2,x)+\tau_{z2}\cos(n_2,y)+\tau_{y2}\cos(n_2,z)], \\ \dots\dots\dots\dots\dots\dots\dots\dots\dots\dots \end{cases}$$

Dès lors, nos six équations pourront s'écrire

$$(57)\quad \begin{cases} (\Pi_1+\nu_{x1}-\varpi)\cos(n_1,x)+\tau_{z1}\cos(n_1,y)+\tau_{y1}\cos(n_1,z)=\left(f+\frac{\mathfrak{G}}{|r'|}\right)(u_1-u_2), \\ \tau_{z1}\cos(n_1,x)+(\Pi_1+\nu_{y1}-\varpi)\cos(n_1,y)+\tau_{x1}\cos(n_1,z)=\left(f+\frac{\mathfrak{G}}{|r'|}\right)(v_1-v_2), \\ \tau_{y1}\cos(n_1,x)+\tau_{x1}\cos(n_1,y)+(\Pi_1+\nu_{z1}-\varpi)\cos(n_1,z)=\left(f+\frac{\mathfrak{G}}{|r'|}\right)(w_1-w_2), \\ (\Pi_2+\nu_{x2}-\varpi)\cos(n_2,x)+\tau_{z2}\cos(n_2,y)+\tau_{y2}\cos(n_2,z)=\left(f+\frac{\mathfrak{G}}{|r'|}\right)(u_2-u_1), \\ \tau_{z2}\cos(n_2,x)+(\Pi_2+\nu_{y2}-\varpi)\cos(n_2,y)+\tau_{x2}\cos(n_2,z)=\left(f+\frac{\mathfrak{G}}{|r'|}\right)(v_2-v_1), \\ \tau_{y2}\cos(n_2,x)+\tau_{x2}\cos(n_2,y)+(\Pi_2+\nu_{z2}-\varpi)\cos(n_2,z)=\left(f+\frac{\mathfrak{G}}{|r'|}\right)(w_2-w_1). \end{cases}$$

A ces égalités il faut joindre la condition (40) qui peut s'écrire indifféremment sous l'une des deux formes

$$(40\ bis)\quad \begin{cases} (u_1 - u_2)\cos(n_1, x) + (v_1 - v_2)\cos(n_1, y) + (w_1 - w_2)\cos(n_1, z) = 0, \\ (u_2 - u_1)\cos(n_2, x) + (v_2 - v_1)\cos(n_2, y) + (w_2 - w_1)\cos(n_2, z) = 0. \end{cases}$$

De ces égalités tirons quelques conséquences.

Si nous remarquons que

$$\cos(n_1, x) + \cos(n_2, x) = 0,$$
$$\cos(n_1, y) + \cos(n_2, y) = 0,$$
$$\cos(n_1, z) + \cos(n_2, z) = 0$$

et si nous tenons compte des égalités (56), nous voyons que les égalités (57) donnent

$$(58)\quad \begin{cases} p_{x1} + p_{x2} = (\Pi_1 - \Pi_2)\cos(n_1, x), \\ p_{y1} + p_{y2} = (\Pi_1 - \Pi_2)\cos(n_1, y), \\ p_{z1} + p_{z2} = (\Pi_1 - \Pi_2)\cos(n_1, z). \end{cases}$$

Le vecteur p_1, dont les composantes sont p_{x1}, p_{y1}, p_{z1}, et le vecteur p_2, dont les composantes sont p_{x2}, p_{y2}, p_{z2}, ont une résultante dirigée suivant la normale n_1 et ayant pour grandeur $(\Pi_1 - \Pi_2)$; le plan de ces deux vecteurs est donc normal à la surface S.

Ce plan est facile à déterminer.

Multiplions respectivement les trois premières égalités (57) par $\cos(s, x)$, $\cos(s, y)$, $\cos(s, z)$; ajoutons membre à membre les résultats obtenus; observons que l'on a

$$\cos(n_1, x)\cos(s, x) + \cos(n_1, y)\cos(s, y) + \cos(n_1, z)\cos(s, z) = 0$$

et

$$(u_1 - u_2)\cos(s, x) + (v_1 - v_2)\cos(s, y) + (w_1 - w_2)\cos(s, z) = 0.$$

Nous trouvons la première égalité

$$(59)\quad \begin{cases} p_{x1}\cos(s, x) + p_{y1}\cos(s, y) + p_{z1}\cos(s, z) = 0, \\ p_{x2}\cos(s, x) + p_{y2}\cos(s, y) + p_{z2}\cos(s, z) = 0. \end{cases}$$

La seconde se démontre d'une manière analogue.

Le plan des deux vecteurs p_1, p_2 est le plan normal à la surface S, *mené par la vitesse relative v' dont $(u_1 - u_2)$, $(v_1 - v_2)$, $(w_1 - w_2)$ sont les composantes.*

Multiplions respectivement les trois premières égalités (57) par $\cos(r, x)$, $\cos(r, y)$, $\cos(r, z)$ et ajoutons-les membre à membre en observant que

$$\cos(n_1, x)\cos(r, x) + \cos(n_1, y)\cos(r, y) + \cos(n_1, z)\cos(r, z) = 0,$$
$$(u_1 - u_2)\cos(r, x) + (v_1 - v_2)\cos(r, y) + (w_1 - w_2)\cos(r, z) = r'.$$

Nous trouvons la première égalité

$$(60)\quad \begin{cases} p_{x1}\cos(r, x) + p_{y1}\cos(r, y) + p_{z1}\cos(r, z) = -\mathfrak{G}(r', \varpi)\dfrac{r'}{|r'|} - fr', \\ p_{x2}\cos(r, x) + p_{y2}\cos(r, y) + p_{z2}\cos(r, z) = \mathfrak{G}(r', \varpi)\dfrac{r'}{|r'|} + fr'. \end{cases}$$

La seconde se démontre de même.

Ces égalités nous montrent, en premier lieu, que *les vecteurs p_1, p_2 ont, sur la surface* S, *des projections égales et directement opposées.*

D'ailleurs, si l'on tient compte des inégalités (46) et (53), on voit que *la projection sur la surface* S *du vecteur p_1 est dirigée comme la vitesse relative r', tandis que la projection du vecteur p_2 est dirigée en sens contraire.*

La quantité ϖ, qui figure dans l'expression de $\mathfrak{G}$, est facile à déterminer. Multiplions la première des égalités (57) par $\cos(n_1, x)$, la seconde par $\cos(n_1, y)$, la troisième par $\cos(n_1, z)$, et ajoutons membre à membre les résultats obtenus en tenant compte de la première condition (40 *bis*); nous trouvons la première des égalités

$$(61)\quad \begin{cases} \varpi = \Pi_1 - p_{x1}\cos(n_1, x) - p_{y1}\cos(n_1, y) - p_{z1}\cos(n_1, z), \\ \varpi = \Pi_2 - p_{x2}\cos(n_2, x) - p_{y2}\cos(n_2, y) - p_{z2}\cos(n_2, z). \end{cases}$$

La seconde se démontre de même.

La quantité ϖ s'obtient en retranchant de la pression Π_1 la projection du vecteur p_1 sur la normale n_1; ou bien en retranchant de la pression Π_2 la projection du vecteur p_2 sur la normale n_2.

Soient

$$p_{n1} = p_{x1}\cos(n_1, x) + p_{y1}\cos(n_1, y) + p_{z1}\cos(n_1, z)$$

la projection du vecteur p_1 sur la normale n_1 et

$$p_{n2} = p_{x2}\cos(n_2, x) + p_{y2}\cos(n_2, y) + p_{z2}\cos(n_2, z)$$

la projection du vecteur p_2 sur la normale n_2. Les égalités (61) deviendront

$$(61\ bis)\qquad \Pi_1 - \varpi = p_{n1}, \qquad \Pi_2 - \varpi = p_{n2}$$

et les égalités (57) pourront s'écrire :

$$
(57\ bis)\quad \left\{
\begin{aligned}
p_{n1}\cos(n_1, x) - p_{x1} &= \left(f + \frac{\mathfrak{G}}{|r'|}\right)(u_1 - u_2),\\
p_{n1}\cos(n_1, y) - p_{y1} &= \left(f + \frac{\mathfrak{G}}{|r'|}\right)(v_1 - v_2),\\
p_{n1}\cos(n_1, z) - p_{z1} &= \left(f + \frac{\mathfrak{G}}{|r'|}\right)(w_1 - w_2),\\
p_{n2}\cos(n_2, x) - p_{x2} &= \left(f + \frac{\mathfrak{G}}{|r'|}\right)(u_2 - u_1),\\
p_{n2}\cos(n_2, y) - p_{y2} &= \left(f + \frac{\mathfrak{G}}{|r'|}\right)(v_2 - v_1),\\
p_{n2}\cos(n_2, z) - p_{z2} &= \left(f + \frac{\mathfrak{G}}{|r'|}\right)(w_2 - w_1).
\end{aligned}
\right.
$$

Les auxiliaires Π_1, Π_2, ϖ sont éliminées des conditions aux limites mises sous cette forme.

Tous ces théorèmes n'ont de sens qu'autant que la vitesse relative r' est différente de o. Or il peut arriver que cette supposition implique contradiction; nous allons en donner un exemple.

La fonction $\mathfrak{G}(\rho_1, \rho_2, T, r', \varpi)$, qui est toujours négative, selon l'inégalité (53), peut dépendre de r'; supposons, ce qui paraît conforme à tous les enseignements de l'expérience, qu'elle soit indépendante de r', ou bien que sa valeur absolue croisse en même temps que la valeur absolue de r'; si nous posons

$$\mathfrak{G}(\rho_1, \rho_2, T, 0, \varpi) = \Gamma(\rho_1, \rho_2, T, \varpi),$$

nous aurons

$$(62)\qquad \mathfrak{G}(\rho_1, \rho_2, T, r', \varpi) \leqq \Gamma(\rho_1, \rho_2, T, \varpi).$$

En vertu des inégalités (46 *bis*) et (53), le second membre de chacune des égalités (60) a une valeur absolue qui ne peut être inférieure à $-\Gamma(\rho_1, \rho_2, T, \varpi)$. Dès lors, les égalités (60) nous donnent la proposition suivante :

Si la valeur absolue commune des projections des deux vecteurs p_1, p_2 sur la surface S *est inférieure à* $-\Gamma(\rho_1, \rho_2, T, \varpi)$, *la vitesse relative r' des deux fluides le long de la surface* S *ne peut différer de* o; *les deux fluides sont alors soudés le long de cette surface.*

On est assuré, en particulier, que les deux fluides demeurent sans cesse soudés l'un à l'autre le long de leur surface de contact lorsqu'on suppose nulle la viscosité intrinsèque de chacun d'eux sans supposer nul le frottement au contact.

Dans ce cas, en effet, les deux vecteurs p_1, p_2 sont identiquement nuls; leurs projections sur la surface S sont donc inférieures à $-\Gamma(\rho_1, \rho_2, T, \varpi)$.

Il en est encore de même si l'on suppose nul le frottement, mais non la viscosité, au contact des deux fluides sans viscosité intrinsèque :

$$\theta = 0, \qquad f < 0.$$

Dans ce cas, en effet, si les deux fluides n'étaient pas soudés l'un à l'autre, on pourrait écrire les égalités (57) réduites à

$$(63)\quad \begin{cases} (\Pi_1 - \varpi)\cos(n_1, x) = f(u_1 - u_2), & (\Pi_2 - \varpi)\cos(n_2, x) = f(u_2 - u_1), \\ (\Pi_1 - \varpi)\cos(n_1, y) = f(v_1 - v_2), & (\Pi_2 - \varpi)\cos(n_2, y) = f(v_2 - v_1), \\ (\Pi_1 - \varpi)\cos(n_1, z) = f(w_1 - w_2), & (\Pi_2 - \varpi)\cos(n_2, z) = f(w_2 - w_1). \end{cases}$$

Multiplions respectivement les trois premières égalités (67) par $\cos(r, x)$, $\cos(r, y)$, $\cos(r, z)$, et ajoutons-les membre à membre; nous trouvons

$$fr' = 0 \quad \text{ou} \quad r' = 0,$$

ce qui démontre le théorème énoncé.

Donc, *deux fluides sans viscosité intrinsèque sont forcément soudés l'un à l'autre le long de la surface de contact, à moins que la viscosité de contact et le frottement de contact ne soient nuls tous deux.*

Supposons maintenant que l'un des deux fluides, le fluide 1, soit dénué de viscosité intérieure, tandis que le fluide 2 est visqueux. Le vecteur p_1 sera encore nul, tandis que le vecteur p_2 sera, en général, différent de 0.

En répétant les raisonnements précédents, nous démontrerons encore les propositions suivantes :

Si deux fluides, dont l'un n'a aucune viscosité intérieure, sont en contact, ils sont soudés le long de la surface de contact, à moins que la viscosité de contact et le frottement de contact ne soient nuls tous deux.

Comment faut-il modifier les conditions aux limites dans le cas où le glissement des deux fluides l'un sur l'autre est une impossibilité?

En tout point de la surface d'adhérence des deux fluides, nous devons écrire $r' = 0$, ce qui, joint aux égalités (40 *bis*), équivaut à

$$(64)\qquad u_2 - u_1 = 0, \qquad v_2 - v_1 = 0, \qquad w_2 - w_1 = 0.$$

Si nous ne regardions pas l'adhérence des deux fluides comme constituant une nouvelle liaison qui entraîne, en même temps que les égalités (64), les conditions

(65) $$\delta x_2 - \delta x_1 = 0, \qquad \delta y_2 - \delta y_1 = 0, \qquad \delta z_2 - \delta z_1 = 0,$$

nous devrions faire simplement

(66) $$f = 0, \qquad \mathfrak{F} = 0,$$

sans apporter dans nos équations aucune autre modification.

Suivons les conséquences de cette manière de voir.

Si on l'adopte, on doit encore écrire les équations (57), mais à la condition de remplacer par 0 tous les seconds membres, ce qui donnera

(67) $$\left\{\begin{array}{ll} (\Pi_1 - \varpi)\cos(n_1, x) = p_{x1}, & (\Pi_2 - \varpi)\cos(n_2, x) = p_{x2}, \\ (\Pi_1 - \varpi)\cos(n_1, y) = p_{y1}, & (\Pi_2 - \varpi)\cos(n_2, y) = p_{y2}, \\ (\Pi_1 - \varpi)\cos(n_1, z) = p_{z1}, & (\Pi_2 - \varpi)\cos(n_2, z) = p_{z2}. \end{array}\right.$$

Soit d une direction quelconque tangente à la surface S; multiplions respectivement les trois premières équations (67) par $\cos(d, x)$, $\cos(d, y)$, $\cos(d, z)$, et ajoutons-les membre à membre en observant que

$$\cos(n_1, x)\cos(d, x) + \cos(n_1, y)\cos(d, y) + \cos(n_1, z)\cos(d, z) = 0;$$

nous trouvons la première des égalités

(68) $$\left\{\begin{array}{l} p_{x1}\cos(d, x) + p_{y1}\cos(d, y) + p_{z1}\cos(d, z) = 0, \\ p_{x2}\cos(d, x) + p_{y2}\cos(d, y) + p_{z2}\cos(d, z) = 0. \end{array}\right.$$

La seconde se démontre d'une manière analogue.

Ces deux égalités entraînent la conséquence suivante :

Lorsque deux fluides sont soudés l'un à l'autre le long de la surface S, *les deux vecteurs* p_1, p_2 *sont normaux en chaque point à la surface* S.

Soit p_1 la valeur du premier vecteur, comptée positivement suivant la normale n_1; soit p_2 la valeur du second vecteur, comptée positivement selon la normale n_2; nous aurons

$$p_{x1}\cos(n_1, x) + p_{y1}\cos(n_1, y) + p_{z1}\cos(n_1, z) = p_1,$$

$$p_{x2}\cos(n_2, x) + p_{y2}\cos(n_2, y) + p_{z2}\cos(n_2, z) = p_2.$$

Ces égalités, jointes aux égalités (61), nous montrent que *lorsque les deux fluides sont soudés l'un à l'autre le long de la surface* S, *on a les deux éga-*

lités

$$\Pi_1 - \varpi = p, \qquad \Pi_2 - \varpi = p_2, \tag{69}$$

d'où l'on tire la troisième égalité

$$\Pi_1 - \Pi_2 = p_1 - p_2. \tag{70}$$

Supposons maintenant, à l'imitation de ce qui a été dit au Chapitre I, § 2, qu'au lieu d'admettre, tout le long de la surface d'adhérence, les égalités (64) sans admettre les conditions (65), nous regardions cette adhérence comme constituant une nouvelle liaison qui impose aux modifications virtuelles, en tout point de la surface d'adhérence, les conditions (65). Nous devrons encore poser, dans nos formules,

$$f = 0, \qquad \mathfrak{G} = 0. \tag{66}$$

Dès lors, l'égalité (51) devra avoir lieu, non plus pour toutes les modifications virtuelles qui respectent la condition (38), mais seulement pour toutes les modifications virtuelles qui respectent les trois conditions (65). Il devra exister trois fonctions ϖ_x, ϖ_y, ϖ_z, variables d'une manière continue le long de la surface de contact, telles que l'égalité

$$\begin{aligned} & d\mathfrak{T}_{e1} - \mathrm{E}\,\delta_{\mathrm{T}}\mathfrak{F}_1 + d\mathfrak{T}_{i1} + d\mathfrak{T}_{v1} + d\mathfrak{T}_{\varphi 1} \\ & + d\mathfrak{T}_{e2} - \mathrm{E}\,\delta_{\mathrm{T}}\mathfrak{F}_2 + d\mathfrak{T}_{i2} + d\mathfrak{T}_{v2} + d\mathfrak{T}_{\varphi 2} \\ & - \int [\varpi_x(\delta x_1 - \delta x_2) + \varpi_y(\delta y_1 - \delta y_2) + \varpi_z(\delta z_1 - \delta z_2)]\, dS = 0 \end{aligned} \tag{52 bis}$$

ait lieu quelle que soit la modification virtuelle imposée aux corps 1 et 2.

Nous n'avons pas fait figurer dans cette égalité les quantités $d\mathfrak{T}_w$ et $d\mathfrak{T}_\psi$, qui sont nulles en vertu des égalités (66).

La substitution de l'égalité (52 *bis*) à l'égalité (52) transforme l'égalité (55) en

$$\begin{aligned} \int \Big\{ & [\Pi_1 \cos(\mathrm{N}, x) - \varpi_x + p_{x1}]\,\delta x_1 + [\Pi_1 \cos(\mathrm{N}, y) - \varpi_y + p_{y1}]\,\delta y_1 \\ & \qquad + [\Pi_1 \cos(\mathrm{N}, z) - \varpi_z + p_{z1}]\,\delta z_1 \\ & - [\Pi_2 \cos(\mathrm{N}, x) - \varpi_x + p_{x2}]\,\delta x_2 - [\Pi_2 \cos(\mathrm{N}, y) - \varpi_y + p_{y2}]\,\delta y_2 \\ & \qquad - [\Pi_2 \cos(\mathrm{N}, z) - \varpi_z + p_{z2}]\,\delta z_2 \Big\}\, dS = 0. \end{aligned} \tag{55 bis}$$

Cette égalité entraîne, en tout point de la surface d'adhérence, les égalités

$$\left\{ \begin{aligned} & \Pi_1 \cos(n_1, x) + \varpi_x = p_{x1}, && \Pi_2 \cos(n_2, x) - \varpi_x = p_{x2}, \\ & \Pi_1 \cos(n_1, y) + \varpi_y = p_{y1}, && \Pi_2 \cos(n_2, y) - \varpi_y = p_{y2}, \\ & \Pi_1 \cos(n_1, z) + \varpi_z = p_{z1}, && \Pi_2 \cos(n_2, z) - \varpi_z = p_{z2}. \end{aligned} \right. \tag{71}$$

Ces égalités (71) ont encore pour conséquence les relations (58) et le théorème qui les traduit.

On voit en outre que si l'on désigne par t une direction quelconque tangente à la surface d'adhérence, on tire des égalités (71) les égalités

$$(72) \qquad \begin{aligned} & p_{x1}\cos(t,x) + p_{y1}\cos(t,y) + p_{z1}\cos(t,z) \\ = & -p_{x2}\cos(t,x) - p_{y2}\cos(t,y) - p_{z2}\cos(t,z) \\ = & \ \varpi_x\cos(t,x) + \varpi_y\cos(t,y) + \varpi_z\cos(t,z). \end{aligned}$$

Le vecteur (p_{x1}, p_{y1}, p_{z1}) *et le vecteur* (p_{x2}, p_{y2}, p_{z2}) *ont encore, sur la surface de contact des deux fluides, des projections égales et directement opposées.*

§ 3. — Conditions vérifiées a la surface de contact d'un solide et d'un fluide.

Nous imaginerons maintenant que le corps 1 continue à être un fluide, mais que le corps 2 soit un solide invariable et isotrope.

Le déplacement virtuel le plus général de ce solide consistera en trois rotations $\delta\lambda$, $\delta\mu$, $\delta\nu$ autour des axes Ox, Oy, Oz, et en trois translations $\delta\xi$, $\delta\eta$, $\delta\zeta$ suivant ces trois axes. Les composantes δx_2, δy_2, δz_2 du déplacement virtuel le plus général d'un point x_2, y_2, z_2 de ce solide seront

$$(73) \qquad \left\{ \begin{aligned} \delta x_2 &= \delta\xi - z_2\,\delta\mu + y_2\,\delta\nu, \\ \delta y_2 &= \delta\eta - x_2\,\delta\nu + z_2\,\delta\lambda, \\ \delta z_2 &= \delta\zeta - y_2\,\delta\lambda + x_2\,\delta\mu. \end{aligned} \right.$$

Les composantes de la vitesse du même point seront

$$(74) \qquad \left\{ \begin{aligned} u_2 &= \xi' - z_2\,\mu' + y_2\,\nu', \\ v_2 &= \eta' - x_2\,\nu' + z_2\,\lambda', \\ w_2 &= \zeta' - y_2\,\lambda' + x_2\,\mu'. \end{aligned} \right.$$

Par des calculs connus, on mettra $d\mathfrak{T}_{e2}$ et $d\mathfrak{T}_{i2}$ sous les formes

$$(75) \qquad d\mathfrak{T}_{e2} = \mathrm{X}\,\delta\xi + \mathrm{Y}\,\delta\eta + \mathrm{Z}\,\delta\zeta + \mathrm{L}\,\delta\lambda + \mathrm{M}\,\delta\mu + \mathrm{N}\,\delta\nu,$$

$$(76) \qquad d\mathfrak{T}_{i2} = \mathrm{J}_x\,\delta\xi + \mathrm{J}_y\,\delta\eta + \mathrm{J}_z\,\delta\zeta + \mathrm{J}_l\,\delta\lambda + \mathrm{J}_m\,\delta\mu + \mathrm{J}_n\,\delta\nu,$$

tandis que, le corps considéré étant un solide invariable, l'on aura

$$(77) \qquad \delta_T \mathcal{F}_2 = 0, \qquad d\mathfrak{T}_{v2} = 0, \qquad d\mathfrak{T}_{\varphi 2} = 0.$$

Ces valeurs (75), (76), (77) devront être reportées dans l'égalité (52).

En raisonnant comme nous l'avons fait au paragraphe précédent pour obtenir l'égalité (54), nous trouverons que l'on a, en une modification quelconque du fluide,

$$(78)\quad d\mathfrak{T}_{e1} - \mathrm{E}\,\delta_T\mathfrak{F}_1 + d\mathfrak{T}_{i1} + d\mathfrak{T}_{v1} = -\int \Big\{ [\Pi_1 \cos(n_1, x) - p_{x1}]\,\delta x_1 + [\Pi_1 \cos(n_1, y) - p_{y1}]\,\delta y_1 + [\Pi_1 \cos(n_1, z) - p_{z1}]\,\delta z_1 \Big\}\, d\mathrm{S},$$

S étant la surface de contact du solide et du fluide et n_1 étant, en chaque point de cette surface, la demi-normale dirigée vers l'intérieur du fluide.

En vertu des égalités (73), (75), (76), (77), (78), (48), (50) et (53), l'égalité (52) pourra s'écrire

$$
\begin{aligned}
(79)\quad & \int \Big\{ \Big[(\varpi - \Pi_1)\cos(n_1, x) + p_{x1} + f(u_1 - u_2) + \mathfrak{S}\frac{u_1 - u_2}{|r'|}\Big]\delta x_1 \\
& + \Big[(\varpi - \Pi_1)\cos(n_1, y) + p_{y1} + f(v_1 - v_2) + \mathfrak{S}\frac{v_1 - v_2}{|r'|}\Big]\delta y_1 \\
& + \Big[(\varpi - \Pi_1)\cos(n_1, z) + p_{z1} + f(w_1 - w_2) + \mathfrak{S}\frac{w_1 - w_2}{|r'|}\Big]\delta z_1 \Big\} d\mathrm{S} \\
& + \Big\{ \mathrm{X} + \mathrm{J}_x + \int \Big[f(u_2 - u_1) + \mathfrak{S}\frac{u_2 - u_1}{|r'|} - \varpi\cos(n_1, x)\Big] d\mathrm{S} \Big\}\delta\xi \\
& + \Big\{ \mathrm{Y} + \mathrm{J}_y + \int \Big[f(v_2 - v_1) + \mathfrak{S}\frac{v_2 - v_1}{|r'|} - \varpi\cos(n_1, y)\Big] d\mathrm{S} \Big\}\delta\eta \\
& + \Big\{ \mathrm{Z} + \mathrm{J}_z + \int \Big[f(w_2 - w_1) + \mathfrak{S}\frac{w_2 - w_1}{|r'|} - \varpi\cos(n_1, z)\Big] d\mathrm{S} \Big\}\delta\zeta \\
& + \Big(\mathrm{L} + \mathrm{J}_l - \int \Big\{ \Big(f + \frac{\mathfrak{S}}{|r'|}\Big)[(w_2 - w_1)y_2 - (v_2 - v_1)z_2] - \varpi[y_2\cos(n_1, z) - z_2\cos(n_1, y)] \Big\} d\mathrm{S}\Big)\delta\lambda \\
& + \Big(\mathrm{M} + \mathrm{J}_m - \int \Big\{ \Big(f + \frac{\mathfrak{S}}{|r'|}\Big)[(u_2 - u_1)z_2 - (w_2 - w_1)x_2] - \varpi[z_2\cos(n_1, x) - x_2\cos(n_1, z)] \Big\} d\mathrm{S}\Big)\delta\mu \\
& + \Big(\mathrm{N} + \mathrm{J}_n - \int \Big\{ \Big(f + \frac{\mathfrak{S}}{|r'|}\Big)[(v_2 - v_1)x_2 - (u_2 - u_1)y_2] - \varpi[x_2\cos(n_1, y) - y_2\cos(n_1, x)] \Big\} d\mathrm{S}\Big)\delta\nu = 0.
\end{aligned}
$$

Cette égalité doit avoir lieu quels que soient $\delta\xi$, $\delta\eta$, $\delta\zeta$, $\delta\lambda$, $\delta\mu$, $\delta\nu$ et, en outre, quels que soient, aux divers points de la surface S, δx_1, δy_1, δz_1. On a donc

1° En tout point de la surface S, les trois égalités

$$(80)\quad \begin{cases} (\Pi_1 - \varpi)\cos(n_1, x) - p_{x1} = \left(f + \dfrac{\mathfrak{G}}{|r'|}\right)(u_1 - u_2), \\ (\Pi_1 - \varpi)\cos(n_1, y) - p_{y1} = \left(f + \dfrac{\mathfrak{G}}{|r'|}\right)(v_1 - v_2), \\ (\Pi_1 - \varpi)\cos(n_1, z) - p_{z1} = \left(f + \dfrac{\mathfrak{G}}{|r'|}\right)(w_1 - w_2), \end{cases}$$

identiques aux trois premières égalités (57);

2° Les six égalités

$$(81)\quad \begin{cases} X + J_x + \displaystyle\int\left[f(u_2 - u_1) + \frac{\mathfrak{G}(u_2 - u_1)}{|r'|} - \varpi\cos(n_1, x)\right] dS = 0, \\ \dots\dots\dots\dots\dots\dots\dots\dots\dots\dots\dots\dots\dots\dots\dots, \\ L + J_l - \displaystyle\int\left\{\left(f + \frac{\mathfrak{G}}{|r'|}\right)[(w_2 - w_1)y_2 - (v_2 - v_1)z_2] - \varpi[y_2\cos(n_1, z) - z_2\cos(n_1, y)]\right\} dS = 0, \\ \dots\dots\dots\dots\dots\dots\dots\dots\dots\dots\dots\dots\dots\dots\dots\dots\dots\dots\dots\dots\dots \end{cases}$$

qui peuvent encore s'écrire, en vertu des égalités (80),

$$(82)\quad \begin{cases} X + J_x - \displaystyle\int[\Pi_1\cos(n_1, x) - p_{x1}]\, dS = 0, \\ Y + J_y - \displaystyle\int[\Pi_1\cos(n_1, y) - p_{y1}]\, dS = 0, \\ Z + J_z - \displaystyle\int[\Pi_1\cos(n_1, z) - p_{z1}]\, dS = 0, \\ L + J_l + \displaystyle\int\{\Pi_1[y_2\cos(n_1, z) - z_2\cos(n_1, y)] - (y_2 p_{z1} - z_2 p_{y1})\}\, dS = 0, \\ M + J_m + \displaystyle\int\{\Pi_1[z_2\cos(n_1, x) - x_2\cos(n_1, z)] - (z_2 p_{x1} - x_2 p_{z1})\}\, dS = 0, \\ N + J_n + \displaystyle\int\{\Pi_1[x_2\cos(n_1, y) - y_2\cos(n_1, x)] - (x_2 p_{y1} - y_2 p_{x1})\}\, dS = 0. \end{cases}$$

Ces dernières équations feraient connaître le mouvement du corps solide si l'on connaissait Π_1, p_{x1}, p_{y1}, p_{z1}.

Les équations (80) peuvent être traitées comme les trois premières équations (57); elles nous enseignent que *l'on a, en tout point de la surface* S,

$$(83)\qquad \varpi = \Pi_1 - p_{x1}\cos(n_1, x) - p_{y1}\cos(n_1, y) - p_{z1}\cos(n_1, z).$$

Elles nous montrent, en outre, que *la projection du vecteur p_1 sur la surface* S *coïncide avec la direction r de la vitesse relative r'. Cette projection* *est donnée par l'égalité*

$$(84) \qquad p_{x1}\cos(r,x) + p_{y1}\cos(r,y) + p_{z1}\cos(r,z) = -\left(f + \frac{\mathfrak{G}}{|r'|}\right)r'.$$

Tout ce que nous venons de dire suppose que le solide et le fluide ne sont pas soudés le long de leur surface de contact.

Dans le cas où ils seraient soudés en une région de leur surface de contact *et où cette soudure ne serait pas regardée comme une liaison nouvelle* (¹), on aurait, en tout point de cette région,

$$u_1 - u_2 = 0, \quad v_1 - v_2 = 0, \quad w_1 - w_2 = 0, \quad \mathfrak{G} = 0, \quad f = 0.$$

On devrait donc, pour tout point de cette région, remplacer par o le second membre des égalités (80) et, dans les égalités (81), restreindre les intégrales aux parties de la surface de contact qui ne sont pas des soudures.

Les égalités (82) *resteront vraies, même si le solide et le fluide sont soudés tout le long de la surface de contact ou le long d'une partie de cette surface. Mais, en tout point de la surface* S *où les deux corps sont soudés l'un à l'autre, le vecteur* p_1 *est normal à la surface* S; *si l'on désigne par* p_1 *sa valeur comptée positivement dans le sens de la normale* n_1, *on a, en un tel point,*

$$(85) \qquad \varpi = \Pi_1 - p_1.$$

Ce que nous venons de dire cesse d'être exact *si l'on regarde la condition imposée au fluide d'adhérer au solide comme constituant une nouvelle liaison* (²). Dans ce cas, on doit avoir, en tout point de la surface d'adhérence, non seulement les égalités

$$(64) \qquad u_2 - u_1 = 0, \quad v_2 - v_1 = 0, \quad w_2 - w_1 = 0,$$

mais encore les conditions, imposées à tout déplacement virtuel,

$$(65) \qquad \delta x_2 - \delta x_1 = 0, \quad \delta y_2 - \delta y_1 = 0, \quad \delta z_2 - \delta z_1 = 0.$$

Dès lors, il ne suffit plus de poser, dans nos équations,

$$f = 0, \quad \mathfrak{G} = 0.$$

(¹) *Sur les conditions aux limites en Hydrodynamique* (*Comptes rendus*, t. CXXXIV, p. 149; 20 janvier 1902).

(²) *Sur l'extension du théorème de Lagrange aux liquides visqueux* (*Comptes rendus*, t. CXXXIV, p. 580; 10 mars 1902).

Il faut encore remplacer l'égalité (52) par l'égalité (52 *bis*). L'égalité (79) est alors remplacée par l'égalité

$$(86)\quad \begin{aligned} &\int \Big\{ [\varpi_x + \Pi_1 \cos(n_1, x) - p_{x1}]\,\delta x_1 + [\varpi_y - \Pi_1 \cos(n_1, y) + p_{y1}]\,\delta y_1 \\ &\qquad + [\varpi_z - \Pi_1 \cos(n_1, z) \pm p_{z1}]\,\delta z_1 \Big\}\, dS \\ &- \Big[X + J_x + \int \varpi_x\, dS\Big]\delta\xi - \Big[Y + J_y + \int \varpi_y\, dS\Big]\delta\eta - \Big[Z + J_y + \int \varpi_z\, dS\Big]\delta\zeta \\ &- \Big[L + J_l + \int (\varpi_y z_1 - \varpi_z y_1)\, dS\Big]\delta\lambda - \Big[M + J_m + \int (\varpi_z x_1 - \varpi_x z_1)\, dS\Big]\delta\mu \\ &\qquad - \Big[N + J_n + \int (\varpi_x y_1 - \varpi_y x_1)\, dS\Big]\delta\nu = 0. \end{aligned}$$

Cette égalité doit avoir lieu quels que soient $\delta\xi$, $\delta\eta$, $\delta\zeta$, $\delta\lambda$, $\delta\mu$, $\delta\nu$ et, en outre, quels que soient δx_1, δy_1, δz_1 aux divers points de la surface S.

On a donc :

1° En tout point de la surface S, les trois égalités

$$(87)\quad \begin{cases} \Pi_1 \cos(n_1, x) + \varpi_x = p_{x1}, \\ \Pi_1 \cos(n_1, y) + \varpi_y = p_{y1}, \\ \Pi_1 \cos(n_1, z) + \varpi_z = p_{z1}, \end{cases}$$

identiques aux premières égalités (71);

2° Les égalités

$$(88)\quad \begin{cases} X + J_x + \int \varpi_x\, dS = 0, \qquad Y + J_y + \int \varpi_y\, dS = 0, \qquad Z + J_z + \int \varpi_z\, dS = 0, \\ L + J_l + \int (\varpi_y z_1 - \varpi_z y_1)\, dS = 0, \\ M + J_m + \int (\varpi_z x_1 - \varpi_x z_1)\, dS = 0, \\ N + J_n + \int (\varpi_x y_1 - \omega_y x_1)\, dS = 0. \end{cases}$$

Cette seconde manière de voir est celle que les considérations développées au Chapitre I, § 2, nous présentent comme vraisemblable. Nous verrons qu'elle s'impose.

CHAPITRE III.

DU RÉGIME PERMANENT AU SEIN D'UN FLUIDE VISQUEUX.

§ 1. — La condition d'adhérence doit être assimilée à l'introduction de nouvelles liaisons. — Énoncé et démonstration d'un lemme (¹).

Lorsque deux fluides ne peuvent glisser l'un sur l'autre, lorsqu'un fluide ne peut glisser sur un solide, doit-on traiter le système où deux corps adhèrent entre eux comme on traitait le système où ces corps glissaient l'un sur l'autre, en égalant simplement à o la vitesse relative le long de la surface de contact? Doit-on au contraire regarder le nouveau système comme différant du premier par l'introduction de nouvelles liaisons? Les deux manières de voir sont plausibles, bien que la seconde paraisse plus logique.

Ces deux manières de voir ne sont pas équivalentes; la première exige que le vecteur (p_x, p_y, p_z) aboutisse normalement à la surface de contact, ce que la seconde n'exige pas.

Une ambiguïté analogue s'est présentée dans l'étude du frottement de deux solides l'un sur l'autre; dans ce cas, la première manière de voir a dû être rejetée; elle aurait introduit plus de conditions que le problème ne comportait d'inconnues.

N'en serait-il pas de même dans la question qui nous a occupé au Chapitre précédent? C'est ce que nous nous proposons d'examiner en celui-ci.

Dans ce but, nous allons établir un lemme qui est valable seulement dans l'hypothèse où l'adhérence d'un fluide à un solide entraine la perpendicularité du vecteur (p_x, p_y, p_z) à la surface du solide.

Voici l'énoncé de ce lemme :

Si un fluide visqueux et non compressible adhère à un corps solide, les six quantités

$$(89)\quad \left\{ \begin{array}{l} \dfrac{\partial u}{\partial x}, \quad \dfrac{\partial v}{\partial y}, \quad \dfrac{\partial w}{\partial z}, \\ \dfrac{\partial v}{\partial z} + \dfrac{\partial w}{\partial y}, \quad \dfrac{\partial w}{\partial x} + \dfrac{\partial u}{\partial z}, \quad \dfrac{\partial u}{\partial y} + \dfrac{\partial x}{\partial v} \end{array} \right.$$

(¹) *Sur certains cas d'adhérence d'un liquide visqueux aux solides qu'il baigne* (*Comptes rendus*, t. CXXXIV, p. 265; 3 février 1902).

s'annulent aux points du fluide qui sont infiniment voisins de la surface du solide.

Soient, en effet, u', v', w', les trois composantes de la vitesse en un point du solide; nous aurons

$$\begin{aligned} u' &= \mathrm{U} - \Omega_z y + \Omega_y z, \\ v' &= \mathrm{V} - \Omega_x z + \Omega_z x, \\ w' &= \mathrm{W} - \Omega_y x + \Omega_x y, \end{aligned}$$

U, V, W, Ω_x, Ω_y, Ω_z étant trois quantités qui dépendent exclusivement de t.

S'il y a adhérence du fluide au solide, nous avons, en tout point de leur commune surface,

$$u - u' = 0, \qquad v - v' = 0, \qquad w - w' = 0.$$

Les trois fonctions

$$\begin{aligned} f &= u - \mathrm{U} + \Omega_z y - \Omega_y z, \\ g &= v - \mathrm{V} + \Omega_x z - \Omega_z x, \\ h &= w - \mathrm{W} + \Omega_y x - \Omega_x y \end{aligned}$$

s'annulent donc en tous les points de la surface; partant, on peut trouver, en chaque point de cette surface, un vecteur F, G, H, tel que l'on ait

$$\begin{aligned} \frac{\partial f}{\partial x} &= \alpha \mathrm{F}, & \frac{\partial f}{\partial y} &= \beta \mathrm{F}, & \frac{\partial f}{\partial z} &= \gamma \mathrm{F}, \\ \frac{\partial g}{\partial x} &= \alpha \mathrm{G}, & \frac{\partial g}{\partial y} &= \beta \mathrm{G}, & \frac{\partial g}{\partial z} &= \gamma \mathrm{G}, \\ \frac{\partial h}{\partial x} &= \alpha \mathrm{H}, & \frac{\partial h}{\partial y} &= \beta \mathrm{H}, & \frac{\partial h}{\partial z} &= \gamma \mathrm{H}, \end{aligned}$$

égalités qui peuvent encore s'écrire

$$(90) \qquad \left\{ \begin{aligned} \frac{\partial u}{\partial x} &= \alpha \mathrm{F}, & \frac{\partial u}{\partial y} &= \beta \mathrm{F} - \Omega_z, & \frac{\partial u}{\partial z} &= \gamma \mathrm{F} + \Omega_y, \\ \frac{\partial v}{\partial x} &= \alpha \mathrm{G} + \Omega_z, & \frac{\partial v}{\partial y} &= \beta \mathrm{G}, & \frac{\partial v}{\partial z} &= \gamma \mathrm{G} - \Omega_x, \\ \frac{\partial w}{\partial x} &= \alpha \mathrm{H} - \Omega_y, & \frac{\partial w}{\partial y} &= \beta \mathrm{H} + \Omega_x, & \frac{\partial w}{\partial z} &= \gamma \mathrm{H}. \end{aligned} \right.$$

Dans ces égalités, on a posé

$$\cos(n_i, x) = \alpha, \qquad \cos(n_i, y) = \beta \qquad \cos(n_i, z) = \gamma.$$

Ces égalités nous donnent les expressions suivantes des six quantités (89) :

$$(91)\quad \begin{cases} \dfrac{\partial u}{\partial x} = \alpha F, \quad \dfrac{\partial v}{\partial y} = \beta G, \quad \dfrac{\partial w}{\partial z} = \gamma H, \\ \dfrac{\partial v}{\partial z} + \dfrac{\partial w}{\partial y} = \gamma G + \beta H, \\ \dfrac{\partial w}{\partial x} + \dfrac{\partial u}{\partial z} = \alpha H + \gamma F, \\ \dfrac{\partial u}{\partial y} + \dfrac{\partial v}{\partial x} = \beta F + \alpha G. \end{cases}$$

Les trois premières égalités (91) donnent

$$(92)\quad \theta = \frac{\partial u}{\partial x} + \frac{\partial v}{\partial y} + \frac{\partial w}{\partial z} = \alpha F + \beta G + \gamma H.$$

Les égalités (43) et (44) transforment les égalités (51) de la I^e Partie de ces *Recherches* en

$$(93)\quad \begin{cases} \nu_x = -\lambda(\alpha F + \beta G + \gamma H) - 2\mu\alpha F, \\ \nu_y = -\lambda(\alpha F + \beta G + \gamma H) - 2\mu\beta G, \\ \nu_z = -\lambda(\alpha F + \beta G + \gamma H) - 2\mu\gamma H, \\ \tau_x = -\mu(\gamma G + \beta H), \\ \tau_y = -\mu(\alpha H + \gamma F), \\ \tau_z = -\mu(\beta F + \alpha G). \end{cases}$$

Les égalités (48) de la première partie deviennent alors

$$(94)\quad \begin{cases} p_x = (\lambda + \mu)\alpha(\alpha F + \beta G + \gamma H) + \mu F, \\ p_y = (\lambda + \mu)\beta(\alpha F + \beta G + \gamma H) + \mu G, \\ p_z = (\lambda + \mu)\gamma(\alpha F + \beta G + \gamma H) + \mu H. \end{cases}$$

Mais, si le fluide adhère au solide, le vecteur (p_x, p_y, p_z) doit être normal à la surface de contact; on doit donc avoir :

$$\begin{aligned} \beta p_z - \gamma p_y &= 0, \\ \gamma p_x - \alpha p_z &= 0, \\ \alpha p_y - \beta p_x &= 0; \end{aligned}$$

ou bien

$$\beta H - \gamma G = 0,$$
$$\gamma F - \alpha H = 0,$$
$$\alpha G - \beta F = 0;$$

ou enfin

$$F = K\alpha, \qquad G = K\beta, \qquad H = K\gamma, \tag{95}$$

K étant une quantité variable d'un point à l'autre de la surface.

D'ailleurs, les égalités (92) et (95) donnent

$$\theta = K. \tag{96}$$

Ce que nous avons écrit jusqu'ici s'applique aussi bien aux fluides compressibles qu'aux liquides incompressibles; si nous restreignons dorénavant notre analyse à ces derniers, nous devrons écrire $\theta = 0$, partant, selon l'égalité (96),

$$K = 0. \tag{97}$$

Alors, des égalités (91) et (95), découlera le lemme énoncé.

En outre, les égalités (90), (95) et (96) donneront, en tout point de la surface de contact du solide et du liquide

$$\left\{\begin{aligned} \omega_x &= \frac{\partial w}{\partial y} - \frac{\partial v}{\partial z} = 2\Omega_x, \\ \omega_y &= \frac{\partial u}{\partial z} - \frac{\partial w}{\partial x} = 2\Omega_y, \\ \omega_z &= \frac{\partial v}{\partial x} - \frac{\partial u}{\partial y} = 2\Omega_z. \end{aligned}\right. \tag{98}$$

Supposons, en particulier, le solide immobile ou animé d'un simple mouvement de translation; nous aurons

$$\Omega_x = 0, \qquad \Omega_y = 0, \qquad \Omega_z = 0$$

et, selon les égalités (98),

$$\frac{\partial w}{\partial y} - \frac{\partial v}{\partial z} = 0, \qquad \frac{\partial u}{\partial z} - \frac{\partial w}{\partial x} = 0, \qquad \frac{\partial v}{\partial x} - \frac{\partial u}{\partial y} = 0.$$

Ce résultat, joint au lemme précédent, conduit à la proposition suivante :

Si un fluide visqueux et incompressible adhère à un solide, et si ce solide est immobile ou animé d'un simple mouvement de translation, on a, en tout point de la surface commune aux deux corps,

$$(99)\qquad \begin{cases} \dfrac{\partial u}{\partial x}=0, & \dfrac{\partial u}{\partial y}=0, & \dfrac{\partial u}{\partial z}=0, \\ \dfrac{\partial v}{\partial x}=0, & \dfrac{\partial v}{\partial y}=0, & \dfrac{\partial v}{\partial z}=0, \\ \dfrac{\partial w}{\partial x}=0, & \dfrac{\partial w}{\partial y}=0, & \dfrac{\partial w}{\partial z}=0. \end{cases}$$

§ 2. — Écoulement permanent d'un liquide, de profondeur et de hauteur infinies, coulant entre des parois verticales.

Nous nous occuperons exclusivement de *liquides*, c'est-à-dire de fluides incompressibles; nous supposerons que la température garde une valeur uniforme et constante dans toute l'étendue du fluide. Nous nous trouverons alors (Ire Partie, Chap. III. § 2) dans un cas où il existe une fonction $\Lambda(x, y, z, t)$ permettant de mettre les équations de l'Hydrodynamique sous la forme [*loc. cit.*, égalités (157)]

$$(100)\qquad \begin{cases} \dfrac{\partial \Lambda}{\partial x}+\gamma_x-\dfrac{q_x}{\rho}=0, \\ \dfrac{\partial \Lambda}{\partial y}+\gamma_y-\dfrac{q_y}{\rho}=0, \\ \dfrac{\partial \Lambda}{\partial z}+\gamma_z-\dfrac{q_z}{\rho}=0, \end{cases}$$

et cette fonction Λ sera donnée par l'égalité [*loc. cit.*, égalité (158)]

$$(101)\qquad \Lambda(x, y, z, t)=V_i+V_e+\frac{\Pi}{\rho}.$$

Dans le présent Chapitre, nous nous proposons d'étudier un *écoulement permanent*, c'est-à-dire un écoulement où les composantes u, v, w de la vitesse dépendent de x, y, z, mais point de t; dans un tel écoulement, on a

$$\frac{\partial u}{\partial t}=0, \qquad \frac{\partial v}{\partial t}=0, \qquad \frac{\partial w}{\partial t}=0,$$

partant,

$$\gamma_x=u\frac{\partial u}{\partial x}+v\frac{\partial u}{\partial y}+w\frac{\partial u}{\partial z},$$

$$\gamma_y=u\frac{\partial v}{\partial x}+v\frac{\partial v}{\partial y}+w\frac{\partial v}{\partial z},$$

$$\gamma_z=u\frac{\partial w}{\partial x}+v\frac{\partial w}{\partial y}+w\frac{\partial w}{\partial z}.$$

D'autre part, en un fluide incompressible où

$$\theta = \frac{\partial u}{\partial x} + \frac{\partial v}{\partial y} + \frac{\partial w}{\partial z}$$

est toujours nul, où ρ a partout la même valeur, où, en outre, d'après les hypothèses faites, T a une valeur uniforme, on a [1re Partie, égalités (58)]

$$q_x = \mu\,\Delta u, \qquad q_y = \mu\,\Delta v, \qquad q_z = \mu\,\Delta w.$$

Les équations (100) deviennent donc, pour les mouvements que nous avons en vue d'étudier,

$$(100\ bis)\quad \left\{\begin{aligned} &\frac{\partial A}{\partial x} + u\frac{\partial u}{\partial x} + v\frac{\partial u}{\partial y} + w\frac{\partial u}{\partial z} - \frac{\mu}{\rho}\Delta u = 0,\\ &\frac{\partial A}{\partial y} + u\frac{\partial v}{\partial x} + v\frac{\partial v}{\partial y} + w\frac{\partial v}{\partial z} - \frac{\mu}{\rho}\Delta v = 0,\\ &\frac{\partial A}{\partial z} + u\frac{\partial w}{\partial x} + v\frac{\partial w}{\partial y} + w\frac{\partial w}{\partial z} - \frac{\mu}{\rho}\Delta w = 0. \end{aligned}\right.$$

A ces équations, il faut joindre l'équation de continuité

$$(101\ bis)\qquad \theta = \frac{\partial u}{\partial x} + \frac{\partial v}{\partial y} + \frac{\partial w}{\partial z} = 0.$$

Le fluide dont nous étudierons le régime permanent sera supposé illimité aussi bien dans le sens des z positifs que dans le sens des z négatifs; les parois du canal dans lequel il se meut seront des cylindres dont les génératrices seront parallèles à Oz. La vitesse de chaque point matériel appartenant au fluide sera supposée parallèle au plan des x, y, z, en sorte que l'on aura

$$w = 0.$$

Enfin, u, v seront supposés indépendants de z.

Le canal s'étendra à l'infini, aussi bien en amont qu'en aval. A cet égard nous ferons les hypothèses suivantes :

Si l'on désigne par l la distance d'un point du plan des x, y à l'origine des coordonnées, lorsque l croît au delà de toute limite :

Les parois cylindriques du canal s'écartent infiniment; la largeur du canal croît au delà de toute limite;

Les composantes u, v de la vitesse et toutes leurs dérivées partielles tendent vers 0;

Les produits lu, lv, $l^2\frac{\partial u}{\partial x}$, $l^2\frac{\partial u}{\partial y}$, $l^2\frac{\partial v}{\partial x}$, $l^2\frac{\partial v}{\partial y}$, ne croissent pas au delà de toute limite.

Les équations (100 *bis*) deviennent

$$(102)\qquad \begin{cases} \dfrac{\partial A}{\partial x}+u\dfrac{\partial u}{\partial x}+v\dfrac{\partial u}{\partial y}-\dfrac{\mu}{\rho}\Delta u=0,\\[2mm] \dfrac{\partial A}{\partial y}+u\dfrac{\partial v}{\partial x}+v\dfrac{\partial v}{\partial y}-\dfrac{\mu}{\rho}\Delta v=0,\\[2mm] \dfrac{\partial A}{\partial z}=0,\end{cases}$$

tandis que l'équation de continuité (101 *bis*) devient

$$(103)\qquad \frac{\partial u}{\partial x}+\frac{\partial v}{\partial y}=0.$$

En vertu de cette égalité (103), il existe une fonction $\varphi(x,y)$ telle que l'on ait

$$(104)\qquad u=\frac{\partial\varphi(x,y)}{\partial y},\qquad v=-\frac{\partial\varphi(x,y)}{\partial x}.$$

Si nous reportons ces valeurs de u et de v dans les deux premières égalités (102), elles deviennent

$$(105)\qquad \begin{cases} \dfrac{\partial A}{\partial x}+\dfrac{\partial\varphi}{\partial y}\dfrac{\partial^2\varphi}{\partial x\,\partial y}-\dfrac{\partial\varphi}{\partial x}\dfrac{\partial^2\varphi}{\partial y^2}-\dfrac{\mu}{\rho}\dfrac{\partial}{\partial y}\Delta\varphi=0,\\[2mm] \dfrac{\partial A}{\partial y}-\dfrac{\partial\varphi}{\partial y}\dfrac{\partial^2\varphi}{\partial x^2}+\dfrac{\partial\varphi}{\partial x}\dfrac{\partial^2\varphi}{\partial x\,\partial y}+\dfrac{\mu}{\rho}\dfrac{\partial}{\partial x}\Delta\varphi=0.\end{cases}$$

De ces deux égalités, il est aisé de tirer une troisième relation où ne figure plus que la fonction inconnue φ. En effet, différentions la première égalité (105) par rapport à y, la seconde par rapport à x et retranchons membre à membre les résultats obtenus; nous trouvons

$$(106)\qquad \frac{\partial\varphi}{\partial y}\frac{\partial}{\partial x}\Delta\varphi-\frac{\partial\varphi}{\partial x}\frac{\partial}{\partial y}\Delta\varphi-\frac{\mu}{\rho}\Delta\Delta\varphi=0.$$

Traçons une circonférence de rayon l, ayant pour centre l'origine des coordonnées et située dans le plan des x, y. Soit σ la partie comprise à l'intérieur de cette circonférence, du plan des x, y que recouvre le fluide. Considérons l'intégrale

$$(107)\qquad J=\int_\sigma\Delta\varphi\left[\frac{\partial\varphi}{\partial y}\frac{\partial}{\partial x}\Delta\varphi-\frac{\partial\varphi}{\partial x}\frac{\partial}{\partial y}\Delta\varphi\right]d\sigma$$

que l'on peut encore écrire

$$J=\int_\sigma \Delta\varphi\left[\frac{\partial}{\partial x}\left(\frac{\partial\varphi}{\partial y}\Delta\varphi\right)-\frac{\partial}{\partial y}\left(\frac{\partial\varphi}{\partial x}\Delta\varphi\right)\right]d\sigma. \tag{107 bis}$$

Transformons-la au moyen d'une intégration par parties.

Soient :

L, le contour de l'aire σ,

n_i, la normale au contour L vers l'intérieur de l'aire σ,

$$\alpha=\cos(n_i, x), \qquad \beta=\cos(n_i, y).$$

Nous aurons

$$J=-\int_L(\Delta\varphi)^2\left(\frac{\partial\varphi}{\partial y}\alpha-\frac{\partial\varphi}{\partial x}\beta\right)dL-\int_\sigma\Delta\varphi\left(\frac{\partial\varphi}{\partial y}\frac{\partial}{\partial x}\Delta\varphi-\frac{\partial\varphi}{\partial x}\frac{\partial}{\partial y}\Delta\varphi\right)d\sigma.$$

Mais, selon l'égalité (107), la seconde intégrale n'est autre que J ; nous trouvons donc

$$2J=-\int_L(\Delta\varphi)^2\left(\frac{\partial\varphi}{\partial y}\alpha-\frac{\partial\varphi}{\partial x}\beta\right)dL. \tag{108}$$

D'autre part, nous avons

$$\int_\sigma\Delta\varphi\,\Delta\Delta\varphi\,d\sigma=-\int_L\Delta\varphi\frac{\partial\Delta\varphi}{\partial n_i}dL-\int_\sigma\left[\left(\frac{\partial\Delta\varphi}{\partial x}\right)^2+\left(\frac{\partial\Delta\varphi}{\partial y}\right)^2\right]d\sigma. \tag{109}$$

Les égalités (106), (107), (108), (109) donnent sans peine

$$\frac{\mu}{\rho}\int_\sigma\left[\left(\frac{\partial\Delta\varphi}{\partial x}\right)^2+\left(\frac{\partial\Delta\varphi}{\partial y}\right)^2\right]d\sigma=\int_L\Delta\varphi\left[\frac{\Delta\varphi}{2}\left(\frac{\partial\varphi}{\partial y}\alpha-\frac{\partial\varphi}{\partial x}\beta\right)-\frac{\mu}{\rho}\frac{\partial\Delta\varphi}{\partial n_i}\right]dL. \tag{110}$$

Le contour L se compose de trois parties :

1° Une partie λ qui coupe le canal en amont ;

2° Une partie λ' qui coupe le canal en aval ;

3° Une partie qui est la section des parois du canal par le plan des x, y.

Tout le long de cette dernière partie, *si le liquide adhère au solide et si l'on admet l'hypothèse énoncée au* § 1, on a, en vertu des égalités (99),

$$\frac{\partial u}{\partial y}=0, \qquad \frac{\partial v}{\partial x}=0,$$

partant

$$\Delta\varphi=\frac{\partial u}{\partial y}-\frac{\partial v}{\partial x}=0.$$

Nous pouvons donc écrire

$$(111)\quad \frac{\mu}{\rho}\int_\sigma\left[\left(\frac{\partial\,\Delta\varphi}{\partial x}\right)^2+\left(\frac{\partial\,\Delta\varphi}{\partial y}\right)^2\right]d\sigma = \int_\lambda \Delta\varphi\left[\frac{\Delta\varphi}{2}\left(\frac{\partial\varphi}{\partial y}\alpha-\frac{\partial\varphi}{\partial x}\beta\right)-\frac{\mu}{\rho}\frac{\partial\,\Delta\varphi}{\partial n_i}\right]d\Lambda$$
$$+\int_{\lambda'} \Delta\varphi\left[\frac{\Delta\varphi}{2}\left(\frac{\partial\varphi}{\partial y}\alpha-\frac{\partial\varphi}{\partial x}\beta\right)-\frac{\mu}{\rho}\frac{\partial\,\Delta\varphi}{\partial n_i}\right]d\Lambda'.$$

Faisons maintenant croître au delà de toute limite le rayon l. D'après les hypothèses faites, chacun des deux termes du second membre tend vers o. Il en est donc de même du premier.

Mais, au premier membre, la quantité sous le signe $\int$ n'est jamais négative; le premier membre n'est donc jamais négatif et il ne peut décroître lorsque l croît; il ne peut donc avoir o pour limite que s'il est constamment nul. Cela exige que l'on ait, en tout point du fluide,

$$\frac{\partial\,\Delta\varphi}{\partial x}=0,\qquad \frac{\partial\,\Delta\varphi}{\partial y}=0.$$

D'ailleurs, nous avons vu, il y a un instant, que l'on avait, sur les parois,

$$\Delta\varphi = 0.$$

On a donc, dans tout le fluide,

$$(112)\qquad \Delta\varphi = \frac{\partial u}{\partial y}-\frac{\partial v}{\partial x}=0.$$

Nous voyons alors qu'il existe une fonction $\psi(x,y)$ telle que l'on ait

$$(113)\qquad u=-\frac{\partial\psi}{\partial x},\qquad v=-\frac{\partial\psi}{\partial y}.$$

La condition de continuité (103) nous montre que cette fonction vérifie l'équation de Laplace

$$\Delta\psi=0.$$

Il en est nécessairement de même de ses dérivées partielles u et v, en sorte que, dans toute la partie du plan des x, y recouverte par le fluide, on a

$$\frac{\partial^2 u}{\partial x^2}+\frac{\partial^2 u}{\partial y^2}=0,\qquad \frac{\partial^2 v}{\partial x^2}+\frac{\partial^2 v}{\partial y^2}=0.$$

Le long de l'intersection des parois du canal avec le plan des x, y, on a les égalités (99), partant les égalités

$$u = 0, \quad \frac{\partial u}{\partial x}\alpha + \frac{\partial u}{\partial y}\beta = \frac{\partial u}{\partial n_i} = 0,$$

$$v = 0, \quad \frac{\partial v}{\partial x}\alpha + \frac{\partial v}{\partial y}\beta = \frac{\partial v}{\partial n_i} = 0.$$

Si l'on observe en outre que

$$lu, \quad lv, \quad l^2\frac{\partial u}{\partial x}, \quad l^2\frac{\partial u}{\partial y}, \quad l^2\frac{\partial v}{\partial x}, \quad l^2\frac{\partial v}{\partial y}$$

tendent vers des limites finies lorsque, dans le plan des x, y, le point (x, y) s'éloigne à une distance infinie l de l'origine, on voit que l'on a nécessairement, dans tout l'espace occupé par le fluide,

$$(114) \qquad u = 0, \quad v = 0.$$

Le fluide ne peut présenter d'autre régime permanent que le repos.

Mais ces égalités (114), reportées dans les égalités (102), exigent que l'on ait

$$\frac{\partial \Lambda}{\partial x} = 0, \quad \frac{\partial \Lambda}{\partial y} = 0, \quad \frac{\partial \Lambda}{\partial z} = 0,$$

égalités qui sont les conditions d'équilibre de la masse fluide. Si nous supposons que l'on dispose de la pression Π de telle sorte que les deux premières ne soient pas vérifiées, le repos sera impossible et nous nous heurterons à une contradiction.

§ 3. — Un cylindre indéfini, au sein d'un fluide indéfini, éprouve un mouvement uniforme dans une direction perpendiculaire aux génératrices (1).

Une analyse très voisine de la précédente va nous permettre de traiter un problème dont un cas particulier a été examiné par Stokes.

Un cylindre indéfini, dont les génératrices sont parallèles à Oz, est animé parallèlement à Ox d'une translation uniforme de vitesse U. Il est plongé dans un fluide visqueux indéfini *qui adhère à sa surface.* Le mouvement dure depuis très longtemps, de sorte que *l'état du fluide, rapporté à un système d'axes coordonnés invariablement lié au cylindre, est un état de régime permanent.* On suppose chaque particule fluide animée d'une vitesse normale à Oz et indépendante de z

$$(115) \qquad w = 0, \quad \frac{\partial u}{\partial z} = 0, \quad \frac{\partial v}{\partial z} = 0.$$

(1) *Sur certains cas d'adhérence d'un liquide visqueux aux solides qu'il baigne* (*Comptes rendus*, t. CXXXIV, p. 265; 3 février 1902).

Si l est la distance d'un point à l'axe des z, on suppose que, lorsque l croît au delà de toute limite, u, v et toutes leurs dérivées partielles tendent vers o et que

$$lu,\quad lv,\quad l^2\frac{\partial u}{\partial x},\quad l^2\frac{\partial u}{\partial y},\quad l^2\frac{\partial v}{\partial x},\quad l^2\frac{\partial v}{\partial y}$$

ne croissent pas au delà de toute limite.

D'après l'une des hypothèses faites, chacune des composantes u et v de la vitesse doit avoir la même valeur, à l'instant t, au point dont les coordonnées sont x, y et, à l'instant t', au point dont les coordonnées sont $x' = x + \mathrm{U}(t' - t)$, $y' = y$, c'est-à-dire que u et v ne dépendent de x et de t que par le binome $(x - \mathrm{U}t)$, ce qui permet d'écrire

$$(116)\qquad \frac{\partial u}{\partial t} = -\mathrm{U}\frac{\partial u}{\partial x},\qquad \frac{\partial v}{\partial t} = -\mathrm{U}\frac{\partial v}{\partial x}.$$

Moyennant les égalités (115) et (116), les équations (100 *bis*) deviennent

$$(117)\qquad \left\{\begin{aligned} &\frac{\partial \mathrm{A}}{\partial x} + (u - \mathrm{U})\frac{\partial u}{\partial x} + v\frac{\partial u}{\partial y} - \frac{\mu}{\rho}\Delta u = 0,\\ &\frac{\partial \mathrm{A}}{\partial y} + (u - \mathrm{U})\frac{\partial v}{\partial x} + v\frac{\partial v}{\partial y} - \frac{\mu}{\rho}\Delta v = 0,\\ &\frac{\partial \mathrm{A}}{\partial z} = 0,\end{aligned}\right.$$

tandis que l'équation de continuité (101 *bis*) reprend la forme

$$(103)\qquad \frac{\partial u}{\partial x} + \frac{\partial v}{\partial y} = 0.$$

Il existe donc une fonction $\varphi(x - \mathrm{U}t, y)$ telle que l'on ait

$$(104)\qquad u = \frac{\partial \varphi}{\partial y},\qquad v = -\frac{\partial \varphi}{\partial x},$$

φ est la current function de Stokes

en sorte que les deux premières égalités (117) deviennent

$$(118)\qquad \left\{\begin{aligned} &\frac{\partial \mathrm{A}}{\partial x} + \left(\frac{\partial \varphi}{\partial y} - \mathrm{U}\right)\frac{\partial^2 \varphi}{\partial x\,\partial y} - \frac{\partial \varphi}{\partial x}\frac{\partial^2 \varphi}{\partial y^2} - \frac{\mu}{\rho}\frac{\partial}{\partial y}\Delta\varphi = 0,\\ &\frac{\partial \mathrm{A}}{\partial y} + \left(\frac{\partial \varphi}{\partial y} - \mathrm{U}\right)\frac{\partial^2 \varphi}{\partial x^2} + \frac{\partial \varphi}{\partial x}\frac{\partial^2 \varphi}{\partial x\,\partial y} + \frac{\mu}{\rho}\frac{\partial}{\partial x}\Delta\varphi = 0.\end{aligned}\right.$$

Différentions la première de ces équations (118) par rapport à y, la seconde par rapport à x et retranchons membre à membre les résultats obtenus; nous trouvons que la fonction φ doit vérifier l'équation

$$(119)\qquad \left(\frac{\partial\varphi}{\partial y} - U\right)\frac{\partial}{\partial x}\Delta\varphi - \frac{\partial\varphi}{\partial x}\frac{\partial}{\partial y}\Delta\varphi - \frac{\mu}{\rho}\Delta\Delta\varphi = 0.$$

Dans le plan des x, y, la section du cylindre a pour contour L; dans ce plan, de l'origine des coordonnées pour centre, et avec un rayon l, décrivons une circonférence de cercle λ; prenons l assez grand pour que le contour L soit, en entier, à l'intérieur du cercle; soit σ l'aire comprise entre les contours L et λ.

L'égalité (119) nous permet d'écrire

$$(120)\qquad \int_\sigma \Delta\varphi\left[\left(\frac{\partial\varphi}{\partial y} - U\right)\frac{\partial}{\partial x}\Delta\varphi - \frac{\partial\varphi}{\partial x}\frac{\partial}{\partial y}\Delta\varphi - \frac{\mu}{\rho}\Delta\Delta\varphi\right]d\sigma = 0.$$

Considérons l'intégrale

$$(121)\qquad J = \int_\sigma \Delta\varphi\left[\left(\frac{\partial\varphi}{\partial y} - U\right)\frac{\partial}{\partial x}\Delta\varphi - \frac{\partial\varphi}{\partial x}\frac{\partial}{\partial y}\Delta\varphi\right]d\sigma.$$

Nous pouvons écrire

$$\begin{aligned} J = & \int_\sigma \Delta\varphi\left\{\frac{\partial}{\partial x}\left[\left(\frac{\partial\varphi}{\partial y} - U\right)\Delta\varphi\right] - \frac{\partial}{\partial y}\left(\frac{\partial\varphi}{\partial x}\Delta\varphi\right)\right\}d\sigma \\ = & -\int_L (\Delta\varphi)^2\left[\left(\frac{\partial\varphi}{\partial y} - U\right)\alpha - \frac{\partial\varphi}{\partial x}\beta\right]dL \\ & -\int_\lambda (\Delta\varphi)^2\left[\left(\frac{\partial\varphi}{\partial y} - U\right)\alpha - \frac{\partial\varphi}{\partial x}\beta\right]d\lambda \\ & -\int_\sigma \Delta\varphi\left[\left(\frac{\partial\varphi}{\partial y} - U\right)\frac{\partial}{\partial x}\Delta\varphi - \frac{\partial\varphi}{\partial x}\frac{\partial}{\partial y}\Delta\varphi\right]d\sigma. \end{aligned}$$

Mais, selon l'égalité (121), la dernière intégrale est précisément J; nous trouvons donc

$$(122)\qquad \begin{aligned} J = & -\frac{1}{2}\int_L (\Delta\varphi)^2\left[\left(\frac{\partial\varphi}{\partial y} - U\right)\alpha - \frac{\partial\varphi}{\partial x}\beta\right]dL \\ & -\frac{1}{2}\int_\lambda (\Delta\varphi)^2\left[\left(\frac{\partial\varphi}{\partial y} - U\right)\alpha - \frac{\partial\varphi}{\partial x}\beta\right]d\lambda. \end{aligned}$$

Les égalités (120), (121) et (122) donnent sans peine

$$(123)\qquad \begin{aligned} & \frac{\mu}{\rho}\int_\sigma\left[\left(\frac{\partial\,\Delta\varphi}{\partial x}\right)^2 + \left(\frac{\partial\,\Delta\varphi}{\partial y}\right)^2\right]d\sigma \\ = & \int_L \Delta\varphi\left\{\frac{\Delta\varphi}{2}\left[\left(\frac{\partial\varphi}{\partial y} - U\right)\alpha - \frac{\partial\varphi}{\partial x}\beta\right] - \frac{\mu}{\rho}\frac{\partial\,\Delta\varphi}{\partial n_i}\right\}dL \\ & + \int_\lambda \Delta\varphi\left\{\frac{\Delta\varphi}{2}\left[\left(\frac{\partial\varphi}{\partial y} - U\right)\alpha - \frac{\partial\varphi}{\partial x}\beta\right] - \frac{\mu}{\rho}\frac{\partial\,\Delta\varphi}{\partial n_i}\right\}d\lambda, \end{aligned}$$

Au second membre de cette égalité (123), la première intégrale est nulle en vertu des égalités (99), en sorte que ce second membre se réduit à la seconde intégrale.

Faisons croître le rayon l au delà de toute limite. Visiblement, en vertu des hypothèses faites, cette seconde intégrale tend vers o. Il en doit donc être de même du premier membre de l'équation (123). Or, cela n'est possible que si l'on a, en tout point de l'aire σ,

$$\frac{\partial \Delta\varphi}{\partial x} = 0, \qquad \frac{\partial \Delta\varphi}{\partial y} = 0;$$

et comme on a, en tout point du contour L, en vertu des égalités (99),

$$\Delta\varphi = 0,$$

on doit avoir aussi, en tout point du plan des x, y extérieur au contour L,

(124) $$\Delta\varphi = \frac{\partial u}{\partial y} - \frac{\partial v}{\partial x} = 0.$$

Il doit donc exister, en tout point des x, y extérieur au contour L, une fonction ψ telle que

(125) $$u = -\frac{\partial \psi}{\partial x}, \qquad v = -\frac{\partial \psi}{\partial y},$$

cette fonction pouvant d'ailleurs n'être pas uniforme. Selon l'égalité (103), cette fonction vérifierait l'équation de Laplace et il en serait de même de u :

$$\frac{\partial^2 u}{\partial x^2} + \frac{\partial^2 u}{\partial y^2} = 0.$$

Mais u est une fonction uniforme; elle s'annule à l'infini; en tout point du contour L on a, selon les égalités (99),

(126) $$\frac{\partial u}{\partial n_i} = \frac{\partial u}{\partial x}\alpha + \frac{\partial u}{\partial y}\beta = 0.$$

La fonction u doit donc être nulle dans tout le fluide, ce qui est impossible puisque l'on doit avoir, en tout point du contour L,

(127) $$u = U.$$

Stokes ([1]) avait déjà traité ce problème dans le cas particulier où le cylindre est à section circulaire. Il était également parvenu à cette conséquence que le régime permanent considéré ne peut s'établir; mais, pour obtenir ce résultat, il avait uniquement fait usage de l'égalité (127); il n'avait pas invoqué les égalités (99), nécessaires pour que le vecteur (p_x, p_y, p_z) soit normal à la surface du cylindre. Le raisonnement qu'il a suivi pourrait donner prise à certaines critiques.

En effet, si l'analyse exposée en ce paragraphe et au paragraphe précédent aboutit à des contradictions, elle le doit à l'emploi des équations (99), c'est-à-dire, en dernière analyse, à l'hypothèse que le vecteur (p_x, p_y, p_z) aboutit normalement à la surface le long de laquelle le fluide adhère au solide.

Si nous regardons cette adhérence comme constituant une liaison nouvelle, rien n'oblige plus le vecteur (p_x, p_y, p_z) à aboutir normalement à la surface d'adhérence; les impossibilités que nous venons de signaler disparaissent alors d'elles-mêmes. Nous sommes donc contraints d'adopter cette supposition dans l'étude du frottement des fluides sur les solides, comme nous l'avons adoptée dans l'étude du frottement des solides entre eux. Par là, toute ambiguïté se trouve levée dans l'établissement des conditions aux limites.

Nous allons faire usage de ces conditions pour traiter quelques problèmes très simples relatifs au régime permanent des fluides incompressibles de température uniforme. Nous aurons de nouveau occasion de constater que le vecteur (p_x, p_y, p_z) ne peut aboutir normalement aux surfaces d'adhérence.

§ 4. — De l'écoulement permanent par filets parallèles.

Le cas le plus simple, que nous allons étudier tout d'abord, est celui du mouvement permanent *par filets parallèles*; on nomme ainsi un mouvement où toutes les vitesses sont constamment parallèles à une droite fixe que nous pouvons prendre pour axe des z. Cette hypothèse s'exprime par les égalités

$$u = 0, \qquad v = 0. \tag{128}$$

Moyennant ces égalités, l'équation de continuité (101 *bis*) se réduit à $\frac{\partial w}{\partial z} = 0$; elle nous enseigne que w est une simple fonction de x et de y:

$$w = w(x, y). \tag{129}$$

([1]) Stokes, *On the effect of the internal friction of fluids on the motion of pendulums* (*Transactions of the Cambridge philosophical Society*, vol. IX, p. 8; 9 décembre 1850; Part I, Section IV, n°s 45 à 48. — *Mathematical and physical Papers*, vol. III, p. 62. — *Collection de Mémoires publiés par la Société française de Physique*, t. V, p. 344).

Les deux premières égalités (100 *bis*), réduites à

$$\frac{\partial A}{\partial x} = 0, \qquad \frac{\partial A}{\partial y} = 0,$$

nous enseignent que A est une simple fonction de z :

(130) $$A = A(z).$$

Quant à la dernière égalité (100 *bis*), elle devient

(131) $$\frac{dA(z)}{dz} - \frac{\mu}{\rho}\left(\frac{\partial^2 w}{\partial x^2} + \frac{\partial^2 w}{\partial y^2}\right) = 0.$$

Les équations (129) et (131) nous apprennent que $\frac{dA(z)}{dz}$ ne dépend pas de z, partant, que A est une fonction linéaire de z; soient A_0, A_1 les valeurs que prend cette fonction lorsqu'on donne à z les valeurs z_0, z_1. L'égalité (131) deviendra alors

(132) $$\frac{\partial^2 w}{\partial x^2} + \frac{\partial^2 w}{\partial y^2} = \frac{\rho}{\mu}\frac{A_1 - A_0}{z_1 - z_0}.$$

Telle est l'équation aux dérivées partielles dont dépend l'étude du mouvement permanent par filets parallèles; elle a été donnée par Navier (1).

Pour compléter la mise en équations du problème, il convient de joindre à l'équation précédente les conditions qui doivent être vérifiées le long de la surface du solide où le fluide est contenu. Cette surface ne peut être, d'ailleurs, qu'une surface cylindrique dont les génératrices soient parallèles à Oz.

Selon les égalités (128) et (129), les égalités (51) de la Ire Partie de ces *Recherches* deviennent

(133) $$\begin{cases} \nu_x = 0, & \nu_y = 0, & \nu_z = 0, \\ \tau_x = -\mu\dfrac{\partial w}{\partial y}, & \tau_y = -\mu\dfrac{\partial w}{\partial x}, & \tau_z = 0. \end{cases}$$

Si n_i est la normale à la surface limite dirigée vers l'intérieur du fluide, nous aurons $\cos(n_i, z) = 0$ et les égalités (133), jointes aux égalités (48) de la première partie, donneront

(134) $$p_x = 0, \qquad p_y = 0, \qquad p_z = \mu\frac{\partial w}{\partial n_i}.$$

---

(1) NAVIER, *Mémoire sur les lois de l'écoulement des fluides*, lu à l'Académie royale des Sciences le 18 mars 1822 (*Mémoires de l'Académie des Sciences*, année 1823, p. 417).

Les conditions aux limites sont de formes différentes selon que le liquide glisse ou ne glisse pas à la surface du solide.

Supposons d'abord que le fluide glisse à la surface du solide. Les conditions à vérifier seront les conditions (80). Mais l'égalité (85), jointe aux égalités (134) que nous venons d'écrire, donne

$$\Pi - \varpi = 0.$$

On voit alors que les deux premières égalités (80) deviennent deux identités, tandis que la troisième devient

$$(135) \qquad \mu \frac{\partial w}{\partial n_i} = -\left(f + \frac{\mathfrak{G}}{|w|}\right) w.$$

Si nous supposons que f et $\mathfrak{G}$ soient deux constantes, rien, dans les conditions (132) et (135), ne dépendra plus de la variable z et le problème auquel nous sommes amenés pourra s'énoncer de la manière suivante :

Soient σ la section droite du cylindre et L la ligne qui sert de contour à cette section droite ; la direction n_i sera normale à la ligne L, menée dans le plan de l'aire σ et vers l'intérieur de cette aire.

Il s'agit de trouver une fonction $w(x, y)$ qui vérifie la condition (132) en tout point de l'aire σ et la condition (135) en tout point du contour L.

Le sens positif de l'axe des z est arbitraire. Choisissons ce sens de telle sorte que A soit une fonction croissante de z ; $\frac{\rho}{\mu} \frac{A_1 - A_0}{z_1 - z_0}$ sera alors une quantité positive que nous désignerons par K^2 :

$$(136) \qquad \frac{\rho}{\mu} \frac{A_1 - A_0}{z_1 - z_0} = K^2.$$

L'équation (132) deviendra

$$(132 \textit{ bis}) \qquad \frac{\partial^2 w}{\partial x^2} + \frac{\partial^2 w}{\partial y^2} = K^2.$$

Je dis que la fonction $w(x, y)$, continue en tout point de l'aire σ, ne peut être positive en aucun point de cette aire.

Supposons, en effet, qu'elle puisse être positive en certains points de l'aire σ ; comme elle ne peut être infinie, elle admettrait une limite supérieure positive et, comme elle est fonction continue de x et de y, elle atteindrait sa limite soit en un point de l'aire σ, soit en point du contour L.

Imaginons, d'abord, que cette limite soit atteinte en un point M du contour L ; écrivons, au point M, la condition (135) ; w étant supposé positif, cette condition deviendra

$$\mu \frac{\partial w}{\partial n_i} = -fw - \mathfrak{G}. \tag{137}$$

w serait positif par hypothèse; f et $\mathfrak{G}$ sont essentiellement négatifs [IVe Partie, inégalités (46) et (53)]; μ est essentiellement positif [Ire Partie, inégalité (62 *bis*)]. La condition (137) donnerait donc

$$\frac{\partial w}{\partial n_i} > 0.$$

w croîtrait lorsqu'on s'éloignerait du point M selon la *normale* n_i, en sorte que w ne pourrait avoir atteint, au point M, sa limite supérieure.

Imaginons maintenant que w atteigne sa valeur maximum en un point M intérieur à l'aire σ; il faudrait qu'en ce point la forme quadratique en X et Y

$$\frac{\partial^2 w}{\partial x^2} X^2 + 2 \frac{\partial^2 w}{\partial x \partial y} XY + \frac{\partial^2 w}{\partial y^2} Y^2$$

ne fût positive pour aucun système de valeurs de X et de Y; partant, que ni $\frac{\partial^2 w}{\partial x^2}$, ni $\frac{\partial^2 w}{\partial y^2}$ ne fussent positifs, ce qui est incompatible avec la condition (132 *bis*).

La fonction $w(x, y)$ n'est donc positive en aucun point de l'aire σ; partout le fluide coule dans le même sens, et ce sens est celui où $\Lambda(z)$ va en diminuant.

w étant négatif en tout point de la ligne L, la condition (135) devient

$$\frac{\partial w}{\partial n_i} = -\frac{f}{\mu} w + \frac{\mathfrak{G}}{\mu}. \tag{135 bis}$$

Le problème que nous avons à résoudre se ramène sans peine à un problème connu.

Soit r la distance entre deux points (x, y), (x', y') de l'aire σ. Posons

$$w_0(x, y) = -\frac{K^2}{2\pi} \iint \log r \, dx' \, dy', \tag{138}$$

l'intégrale double s'étendant à l'aire σ. Nous savons que

$$\frac{\partial^2 w_0}{\partial x^2} + \frac{\partial^2 w_0}{\partial y^2} = K^2. \tag{139}$$

Soit

$$w(x, y) = w_0(x, y) + w_1(x, y). \tag{140}$$

Le problème se ramènera à déterminer $w_1(x, y)$; mais, selon les égalités

(132 *bis*) et (139), $w_1(x, y)$ vérifiera, en tout point de l'aire σ, l'équation de Laplace

$$\frac{\partial^2 w_1}{\partial x^2} + \frac{\partial^2 w_1}{\partial y^2} = 0, \tag{141}$$

tandis qu'en vertu des égalités (135 *bis*) et (140), on aura, en tout point de la ligne L,

$$\frac{\partial w_1}{\partial n_i} + \frac{f}{\mu} w_1 = \frac{\mathfrak{G}}{\mu} - \frac{f}{\mu} w_0 - \frac{\partial w_0}{\partial n_i}, \tag{142}$$

égalité où le second membre a une valeur connue en tout point de la ligne L.

Dans le cas où l'aire σ est une aire simplement connexe et convexe, le problème ainsi posé rentre comme cas particulier dans un problème que M. Zaremba (1) a complètement résolu en suivant les méthodes de M. H. Poincaré.

D'ailleurs, il est aisé de voir que ce problème est, en toutes circonstances, déterminé, c'est-à-dire qu'il ne peut comporter plus d'une solution. Supposons, en effet, qu'il en comporte deux distinctes, $w_1(x, y)$ et $w'_1(x, y)$ et posons

$$W_1(x, y) = w'_1(x, y) - w_1(x, y). \tag{143}$$

Selon (141), les fonctions w_1, w'_1 vérifient l'équation de Laplace en tout point de l'aire σ; il en est donc de même de leur différence W_1, ce qui permet d'écrire

$$\int_L W_1 \frac{\partial W_1}{\partial n_i} dL + \int_\sigma \left[\left(\frac{\partial W_1}{\partial x}\right)^2 + \left(\frac{\partial W_1}{\partial y}\right)^2 + \left(\frac{\partial W_1}{\partial z}\right)^2\right] d\sigma = 0. \tag{144}$$

D'autre part, selon l'égalité (142), on a, en tout point de la ligne L,

$$\frac{\partial W_1}{\partial n_i} + \frac{f}{\mu} W_1 = 0.$$

L'égalité (144) peut donc s'écrire

$$\int_\sigma \left[\left(\frac{\partial W_1}{\partial x}\right)^2 + \left(\frac{\partial W_1}{\partial y}\right)^2 + \left(\frac{\partial W_1}{\partial z}\right)^2\right] d\sigma - \frac{f}{\mu} \int W_1^2 \, dL = 0.$$

Si l'on observe que $\frac{f}{\mu}$ est essentiellement négatif, on voit que cette égalité exige que l'on ait

$$W_1 = 0$$

(1) S. Zaremba, *Sur l'équation aux dérivées partielles $\Delta u + \xi u + f = 0$ et sur les fonctions harmoniques* (*Annales de l'École Normale supérieure*, 3e série, t. XVI, 1899, p. 435

en tout point du contour L et

$$\frac{\partial W_1}{\partial x} = 0, \qquad \frac{\partial W_1}{\partial y} = 0, \qquad \frac{\partial W_1}{\partial z} = 0,$$

en tout point de l'aire σ; il en résulte que la fonction $W_1(x, y)$ est nulle en tout point de l'aire σ et que les deux fonctions $w_1(x, y)$, $w'_1(x, y)$ y sont identiques, ce qui démontre le théorème énoncé.

La proposition que nous venons d'établir justifie l'emploi de méthodes synthétiques pour trouver, dans chaque cas particulier, la valeur de $w(x, y)$.

Nous nous contenterons de traiter le cas très simple et bien connu où le tuyau a la forme d'un cylindre droit, à base circulaire, de rayon R. Dans ce cas, si nous désignons par r la distance du point (x, y) à l'axe du cylindre, w deviendra une simple fonction de r qui vérifiera l'équation

$$(145) \qquad \frac{d^2 w(r)}{dr^2} + \frac{1}{r}\frac{dw(r)}{dr} = K^2,$$

transformée de l'équation (132 *bis*); l'intégrale générale de cette équation est

$$w(r) = \frac{K^2}{4} r^2 + B \log r + A,$$

A et B étant deux constantes arbitraires; mais comme $w(r)$ doit demeurer fini pour $r = 0$, il nous faut prendre $B = 0$ et

$$(146) \qquad w(r) = \frac{K^2}{4} r^2 + A.$$

Exprimant alors que la condition (135 *bis*) est vérifiée pour $r = R$, nous trouvons

$$A = -\frac{K^2 R}{2}\left(\frac{R}{2} - \frac{\mu}{f}\right) - \frac{\mathfrak{G}}{f}$$

et, par conséquent,

$$(147) \qquad w(r) = -\frac{K^2}{4}(R^2 - r^2) + \frac{K^2 \mu R}{2f} - \frac{\mathfrak{G}}{f}.$$

Si, dans cette formule, on suppose égal à 0 le coefficient de frottement $\mathfrak{G}$, on retrouve le résultat obtenu par Navier.

La vitesse le long de la paroi $(r = R)$ a pour valeur

$$(148) \qquad w(R) = \frac{K^2 \mu R}{2f} - \frac{\mathfrak{G}}{f}.$$

En même temps, la troisième égalité (134) nous donne

$$p_z = -\frac{K^2 \mu R}{2}. \tag{149}$$

Supposons que l'on donne à la quantité K^2 des valeurs de plus en plus petites, de telle sorte que $K^2 \mu R$, tout en demeurant supérieur à $-2\mathfrak{G}$, tende vers $-2\mathfrak{G}$; $w(R)$, tout en restant négatif, tendra vers 0; en même temps, p_z tendra vers $\mathfrak{G}$.

Si nous supposons que $K^2 \mu R$, continuant à décroître, devienne inférieur à $-2\mathfrak{G}$; il ne pourra plus y avoir glissement le long des parois du tube; en effet, s'il y avait glissement, p_z deviendrait, en valeur absolue, inférieur à $-\mathfrak{G}$; en même temps, la formule (148) donnerait pour $w(R)$ une valeur négative que nous savons inacceptable.

Il est aisé d'expliciter davantage la condition limite que nous venons d'obtenir dans le cas où l'on suppose le fluide soumis seulement aux actions capillaires et à la pesanteur.

A l'intérieur du tube supposé illimité, V_i aura la même valeur tout le long d'une même parallèle à Oz; il en sera de même de la partie V_e qui provient des actions capillaires; dès lors, si l'on désigne par α l'angle que les génératrices du cylindre font avec l'horizon et par g l'accélération de la pesanteur, les égalités (101) et (136) donneront

$$K^2 = \frac{\rho}{\mu} g \sin\alpha + \frac{\Pi_1 - \Pi_0}{\mu(z_1 - z_0)}. \tag{150}$$

Donc, tant que l'on aura

$$\frac{1}{2} R \left(\rho g \sin\alpha + \frac{\Pi_1 - \Pi_0}{z_1 - z_0} \right) > -\mathfrak{G}, \tag{151}$$

le fluide glissera sur la paroi solide; mais si l'on a

$$\frac{1}{2} R \left(\rho g \sin\alpha + \frac{\Pi_1 - \Pi_0}{z_1 - z_0} \right) < -\mathfrak{G}, \tag{151 bis}$$

le fluide demeurera soudé à la paroi solide.

Étudions donc maintenant le régime permanent qui s'établit dans le cas où le fluide demeure adhérent à la paroi solide.

$w(x, y)$ continuera à vérifier l'équation aux dérivées partielles (132 *bis*) en tout point de la section droite σ; mais, en tout point du contour L, on aura

$$w(x, y) = 0. \tag{152}$$

La détermination de w est alors ramenée à un problème connu qui n'admet qu'une solution. Il est aisé de voir que cette solution est négative en tout point de l'aire σ; en effet, si elle était positive en quelque partie de cette aire, elle admettrait une limite supérieure positive; cette limite ne pourrait être atteinte le long de la ligne L où w est nul; la fonction w présenterait donc un maximum à l'intérieur de l'aire σ, et nous avons vu que cette hypothèse était incompatible avec l'équation (132 *bis*).

La quantité que l'expérimentateur détermine, c'est la *vitesse moyenne*

$$U = \frac{1}{\sigma} \int w(x, y)\, d\sigma. \tag{153}$$

Si l'on multiplie K^2 par α et les dimensions de l'aire σ par un rapport de similitude β, il est clair que les égalités (132 *bis*) et (152) demeureront vérifiées pourvu que l'on multiplie $w(x, y)$ par $\alpha\beta^2$; U sera multiplié par la même quantité; nous pouvons donc énoncer la proposition suivante :

Pour un même liquide et pour des tubes de même substance ayant des sections semblables, la vitesse moyenne est proportionnelle à $\frac{\Lambda_1 - \Lambda_0}{z_1 - z_0}$ *et au carré des dimensions de la section.*

C'est la loi découverte expérimentalement par Poiseuille.

Si le tube est à section circulaire, $w(x, y)$ devient une simple fonction de r, donnée encore par l'égalité (146); mais selon la condition (152), cette fonction doit s'annuler pour $r = R$, ce qui donne

$$w(r) = \frac{K^2}{4}(r^2 - R^2)$$

ou, plus explicitement, en vertu de l'égalité (150),

$$w(r) = \left[\frac{\rho g \sin\alpha}{4\mu} + \frac{\Pi_1 - \Pi_0}{4\mu(z_1 - z_0)}\right](r^2 - R^2). \tag{154}$$

C'est le résultat trouvé par Hagen, par Émile Mathieu, par M. Boussinesq (*voir*, au dernier Chapitre, l'historique de cette question).

L'analyse précédente s'accorde fort bien avec les faits d'expérience; elle est d'ailleurs complète si nous assimilons l'adhérence du liquide au solide à une condition de liaison. Mais, si nous ne faisions pas cette assimilation, nous serions conduits à adjoindre aux conditions déjà invoquées la condition suivante, qui entraînerait une impossibilité :

Pour que le fluide adhère à la paroi du tube, il ne suffit pas que la fonction w vérifie la condition (152) en tous les points de la ligne L; il faut encore que le vecteur dont p_x, p_y, p_z sont les composantes soit normal à la paroi du tube, ce qui, en vertu des égalités (134), s'exprime par l'égalité

$$\mu \frac{\partial w}{\partial n_i} = 0 \tag{155}$$

vérifiée en tous les points de la ligne L.

Si le fluide n'est pas un fluide parfait, μ est positif et l'égalité (155) devient

$$\frac{\partial w}{\partial n_i} = 0. \tag{155 bis}$$

Or, il est impossible que cette égalité soit vérifiée en tout point de la ligne L, car on aurait

$$\int_L \frac{\partial w}{\partial n_i} dL = -\int_\sigma \left(\frac{\partial^2 w}{\partial x^2} + \frac{\partial^2 w}{\partial y^2}\right) d\sigma = 0,$$

ce qui est incompatible avec l'égalité (132 *bis*), à moins que l'on ait

$$K^2 = 0 \quad \text{ou} \quad A_0 = A_1. \tag{156}$$

Mais, dans ce cas, les conditions (132 *bis*) et (152) donnent, en tout point, $w = 0$, ce qui ne saurait nous étonner, puisque la condition (156) est la condition d'équilibre du fluide.

Le problème de l'écoulement permanent par filets parallèles nous montre donc que l'on doit, sous peine de se heurter à une impossibilité, traiter l'adhérence du liquide à la paroi solide comme une condition de liaison.

§ 5. — ~~Fluide~~ Liquide visqueux compris entre deux plans parallèles.

Deux plans solides, $z = 0$ et $z = h$, sont parallèles et maintenus à une distance invariable l'un de l'autre; le premier est immobile, le second se meut parallèlement à Ox avec une vitesse uniforme U. Entre ces deux plans se trouve un liquide visqueux. On suppose que ce liquide soit parvenu à un régime permanent tel que tous les points matériels se meuvent parallèlement à Ox et l'on se propose d'étudier ce mouvement.

Les égalités

$$v = 0, \qquad w = 0,$$

jointes à l'équation de continuité, exigent que u soit indépendant de x; u est aussi indépendant de t, puisque le régime est permanent; u ne peut donc dépendre que de y et de z; par raison de symétrie, il ne dépendra que de z. Les deux dernières équations (100) donnent

$$\frac{\partial \Lambda}{\partial y} = 0, \qquad \frac{\partial \Lambda}{\partial z} = 0,$$

en sorte que A ne dépend que de x. La première équation (100) devient

$$\frac{dA}{dx} - \frac{\mu}{\rho}\frac{d^2 u}{dz^2} = 0.$$

Elle nous enseigne, en premier lieu, que A *est une fonction linéaire de x*, en sorte que

$$\frac{dA}{dx} = \frac{A' - A}{x' - x}.$$

Elle nous enseigne, en second lieu, que *u est une fonction du second degré de z*, en sorte que

$$u = \frac{\rho(A' - A)}{2\mu(x' - x)} z^2 + \mathrm{A} z + \mathrm{B}, \tag{157}$$

A et B étant deux constantes qui devront être déterminées par les conditions aux limites.

Supposons, tout d'abord, que le fluide glisse sur les plans entre lesquels il est compris; soient u_0 sa vitesse le long du plan $z = 0$ et u_1 sa vitesse le long du plan $z = h$.

Les conditions (80) se réduisent ici à

$$-p_x = \left(f + \frac{\mathfrak{G}}{|u_0|}\right) u_0 \qquad \text{pour} \qquad z = 0,$$

$$-p_x = \left(f + \frac{\mathfrak{C}}{|U - u_1|}\right)(u_1 - U) \qquad \text{pour} \qquad z = h.$$

Mais nous avons, en vertu des égalités (57) de la Ie Partie de ces *Recherches*,

$$p_x = \mu\frac{\partial u}{\partial z} \qquad \text{pour} \qquad z = 0,$$

$$p_x = -\mu\frac{\partial u}{\partial z} \qquad \text{pour} \qquad z = h.$$

Nos conditions aux limites sont donc

$$(158) \quad \left\{ \begin{aligned} \left(f + \frac{\mathfrak{G}}{|u_0|}\right) u_0 + \mu\frac{\partial u}{\partial z} &= 0 \qquad \text{pour} \qquad z = 0, \\ \left(f + \frac{\mathfrak{G}}{|U - u_1|}\right)(U - u_1) + \mu\frac{\partial u}{\partial z} &= 0 \qquad \text{pour} \qquad z = h. \end{aligned} \right.$$

Ces conditions détermineront les constantes A et B de la formule (157).

Traitons le cas très simple où A est indépendant de x. C'est ce qui arrive, par raison de symétrie, si les deux plans sont supposés horizontaux et si les seules forces agissantes sont la pesanteur et les actions capillaires.

La formule (157) se réduit alors à

$$u = \mathrm{A}z + \mathrm{B} \tag{157 bis}$$

et les conditions (158) deviennent

$$\left\{\begin{aligned} &\left(f + \frac{\mathfrak{C}}{|\mathrm{B}|}\right)\mathrm{B} + \mu\mathrm{A} = 0,\\ &\left(f + \frac{\mathfrak{C}}{|\mathrm{U} - \mathrm{A}h - \mathrm{B}|}\right)(\mathrm{U} - \mathrm{A}h - \mathrm{B}) + \mu\mathrm{A} = 0. \end{aligned}\right. \tag{158 bis}$$

Ces conditions nous enseignent que les trois quantités

$$\mathrm{A},\quad \mathrm{B},\quad \mathrm{U} - \mathrm{A}h - \mathrm{B}$$

sont de même signe, car f et $\mathfrak{C}$ sont négatifs, tandis que μ est positif.

Nous pouvons toujours supposer que U soit positif. Alors nous voyons sans peine que la condition précédente exige que A et B soient positifs. Les conditions (158 *bis*) deviennent

$$\left\{\begin{aligned} &f\mathrm{B} + \mathfrak{C} + \mu\mathrm{A} = 0,\\ &f(\mathrm{U} - \mathrm{A}h - \mathrm{B}) + \mathfrak{C} + \mu\mathrm{A} = 0. \end{aligned}\right. \tag{159}$$

Elles donnent

$$\left\{\begin{aligned} \mathrm{A} &= -\frac{2\mathfrak{C} + f\mathrm{U}}{2\mu - fh},\\ \mathrm{B} &= \frac{\mathfrak{C}h + \mu\mathrm{U}}{2\mu - fh} \end{aligned}\right. \tag{160}$$

et, par conséquent,

$$u = -\frac{(2\mathfrak{C} + f\mathrm{U})z - \mathfrak{C}h - \mu\mathrm{U}}{2\mu - fh}. \tag{161}$$

Mais cette solution n'est acceptable que si les égalités (159) peuvent être substituées aux égalités (158 *bis*), ce qui exige que l'on ait

$$\mathrm{B} > 0, \qquad \mathrm{U} - \mathrm{A}h - \mathrm{B} > 0.$$

Si l'on tient compte de la seconde égalité (160) et si l'on observe que, selon les mêmes égalités (160),

$$\mathrm{U} - \mathrm{A}h - \mathrm{B} = \frac{\mathfrak{C}h + \mu\mathrm{U}}{2\mu - fh},$$

on voit que cette double inégalité équivaut à l'inégalité unique

$$(162)\qquad U > -\frac{\epsilon h}{\mu}.$$

Si donc on a

$$(162\ bis)\qquad U < -\frac{\epsilon h}{\mu},$$

il est impossible d'admettre que le fluide glisse sur les deux plans entre lesquels il est contenu. On est obligé d'admettre qu'il adhère à ces plans, ce qui donne

$$u = 0 \quad \text{pour} \quad z = 0,$$
$$u = U \quad \text{pour} \quad z = h$$

et, par conséquent,

$$B = 0, \qquad A = \frac{U}{h},$$

$$(163)\qquad u = \frac{U}{h} z.$$

Mais, en outre, si l'on n'assimilait pas à une liaison l'adhérence du liquide au solide, on devrait avoir, pour $z = 0$ aussi bien que pour $z = h$, $p_x = 0$, c'est-à-dire $\frac{\partial u}{\partial z} = 0$, ce qui est impossible, car l'égalité (163) donne

$$\frac{\partial u}{\partial z} = \frac{U}{h}.$$

Nous rencontrerions donc ici une impossibilité semblable à celle qui nous a arrêtés au paragraphe précédent lorsque nous avons examiné les conséquences de la même hypothèse.

§ 6. — Fluide compris entre deux cylindres de révolution de même axe et animé d'un mouvement de rotation uniforme autour de cet axe.

Nous allons examiner un dernier exemple, très simple, et dont l'intégration peut être menée jusqu'au bout.

Une surface cylindrique indéfinie C_0, de révolution autour de l'axe des z, enferme à son intérieur un autre cylindre C_1, également de révolution autour de l'axe des z. Chacun des deux cylindres est homogène. Le cylindre C_0 est immobile, tandis que le cylindre C_1 est animé d'un mouvement de rotation uniforme autour de l'axe des z; Ω_1 est la vitesse angulaire de ce mouvement.

Entre les deux surfaces C_0, C_1 se trouve un liquide visqueux. La position d'un point de ce liquide peut être repérée au moyen des coordonnées rectangulaires x,

y, z ou bien au moyen des coordonnées cylindriques r, θ, z. Le passage d'un système de coordonnées à l'autre est assuré par les formules

$$x = r\cos\theta, \qquad y = r\sin\theta,$$

qui donnent

$$(164) \qquad \begin{cases} \dfrac{\partial r}{\partial x} = \cos\theta, & \dfrac{\partial r}{\partial y} = \sin\theta, \\ \dfrac{\partial \theta}{\partial x} = -\dfrac{\sin\theta}{r}, & \dfrac{\partial \theta}{\partial y} = \dfrac{\cos\theta}{r}. \end{cases}$$

Nous supposerons que la fonction potentielle V_e des actions extérieures et que la fonction potentielle V_i des actions intérieures sont uniformes dans tout le fluide et indépendantes de θ; c'est ce qui aura lieu, en particulier, si le fluide est soumis à la pesanteur, supposée parallèle à Oz, et aux actions capillaires.

La pression Π étant essentiellement uniforme, il en sera de même de la quantité

$$(101) \qquad \Lambda = \frac{\Pi}{\rho} + V_i + V_e.$$

Il semble évident que le mouvement d'un pareil fluide tendra vers un régime permanent dans lequel chaque élément fluide sera animé d'un mouvement de rotation uniforme autour de Oz; en outre, la vitesse Θ de ce mouvement sera indépendante de θ et de z.

Étudions ce régime permanent.

Nous aurons, en ce régime,

$$(165) \qquad u = -\Theta\sin\theta, \qquad v = \Theta\cos\theta, \qquad w = 0.$$

Les égalités (164) et (165) donnent

$$(166) \qquad \begin{cases} \dfrac{\partial u}{\partial x} = \left(\dfrac{\Theta}{r} - \dfrac{d\Theta}{dr}\right)\sin\theta\cos\theta, \\ \dfrac{\partial u}{\partial y} = -\dfrac{\Theta}{r}\cos^2\theta - \dfrac{d\Theta}{dr}\sin^2\theta, \\ \dfrac{\partial v}{\partial x} = \dfrac{\Theta}{r}\sin^2\theta + \dfrac{d\Theta}{dr}\cos^2\theta, \\ \dfrac{\partial v}{\partial y} = -\left(\dfrac{\Theta}{r} - \dfrac{d\Theta}{dr}\right)\sin\theta\cos\theta. \end{cases}$$

L'équation de continuité, réduite à

$$\frac{\partial u}{\partial x} + \frac{\partial v}{\partial y} = 0,$$

est vérifiée d'elle-même.

Les égalités (164) et (166) donnent sans peine

$$(167)\quad \begin{cases} \dfrac{\partial^2 u}{\partial x^2} + \dfrac{\partial^2 u}{\partial y^2} = -\left(\dfrac{d^2\Theta}{dr^2} + \dfrac{1}{r}\dfrac{d\Theta}{dr} - \dfrac{\Theta}{r^2}\right)\sin\theta, \\ \dfrac{\partial^2 v}{\partial x^2} + \dfrac{\partial^2 v}{\partial y^2} = \left(\dfrac{d^2\Theta}{dr^2} + \dfrac{1}{r}\dfrac{d\Theta}{dr} - \dfrac{\Theta}{r^2}\right)\cos\theta. \end{cases}$$

Les égalités (164) donnent aussi

$$(168)\quad \begin{cases} \dfrac{\partial A}{\partial x} = \dfrac{\partial A}{\partial r}\cos\theta - \dfrac{1}{r}\dfrac{\partial A}{\partial \theta}\sin\theta, \\ \dfrac{\partial A}{\partial y} = \dfrac{\partial A}{\partial r}\sin\theta + \dfrac{1}{r}\dfrac{\partial A}{\partial \theta}\cos\theta. \end{cases}$$

Enfin l'accélération de chaque élément fluide a pour grandeur $\dfrac{\Theta^2}{r}$ et sa direction est opposée à celle du rayon vecteur r; on a donc

$$(169)\quad \begin{cases} \gamma_x = -\dfrac{\Theta^2}{r}\cos\theta, \\ \gamma_y = -\dfrac{\Theta^2}{r}\sin\theta, \\ \gamma_z = 0. \end{cases}$$

Les équations (100 *bis*) deviennent donc

$$(170)\quad \begin{cases} \dfrac{\partial A}{\partial r}\cos\theta - \dfrac{1}{r}\dfrac{\partial A}{\partial \theta}\sin\theta - \dfrac{\Theta^2}{r}\cos\theta + \dfrac{\mu}{\rho}\left(\dfrac{d\Theta}{dr^2} + \dfrac{1}{r}\dfrac{d\Theta}{dr} - \dfrac{\Theta}{r^2}\right)\sin\theta = 0, \\ \dfrac{\partial A}{\partial r}\sin\theta + \dfrac{1}{r}\dfrac{\partial A}{\partial \theta}\cos\theta - \dfrac{\Theta^2}{r}\sin\theta - \dfrac{\mu}{\rho}\left(\dfrac{d^2\Theta}{dr^2} + \dfrac{1}{r}\dfrac{d\Theta}{dr} - \dfrac{\Theta}{r^2}\right)\cos\theta = 0, \\ \dfrac{\partial A}{\partial z} = 0. \end{cases}$$

Les deux premières égalités (170) donnent sans peine

$$(171)\quad \frac{\partial A}{\partial r} - \frac{\Theta^2}{r} = 0,$$

$$(172)\quad \frac{1}{r}\frac{\partial A}{\partial \theta} - \frac{\mu}{\rho}\left(\frac{d^2\Theta}{dr^2} + \frac{1}{r}\frac{d\Theta}{dr} - \frac{\Theta}{r^2}\right) = 0.$$

Au premier membre de l'égalité (172), le second terme est indépendant de θ; A ne pourrait donc dépendre de θ que s'il en était fonction linéaire; mais alors A ne pourrait pas être, comme il le doit, fonction uniforme de x et de y; A est donc indépendant de θ. L'équation (172) se réduit à

$$\frac{d^2\Theta}{dr^2} + \frac{1}{r}\frac{d\Theta}{dr} - \frac{\Theta}{r^2} = 0, \tag{173}$$

tandis que l'équation (171) devient

$$\frac{d\Lambda(r)}{dr} = \frac{\Theta^2}{r}. \tag{171 bis}$$

L'équation différentielle (171 *bis*) a déjà été rencontrée, dans la question qui nous occupe, par M. Max Margules [1] et par M. N. Petroff [2].

L'intégrale générale de cette équation est

$$\Theta = \frac{A}{r} + Br, \tag{174}$$

A et B étant deux constantes.

Les égalités (166) deviennent, moyennant cette égalité (174),

$$(175)\quad \left\{\begin{aligned} \frac{\partial u}{\partial x} &= \frac{2A}{r^2}\sin\theta\cos\theta, \\ \frac{\partial u}{\partial y} &= \frac{A}{r^2}(\sin^2\theta - \cos^2\theta) - B, \\ \frac{\partial v}{\partial x} &= \frac{A}{r^2}(\sin^2\theta - \cos^2\theta) + B, \\ \frac{\partial v}{\partial y} &= -\frac{2A}{r^2}\sin\theta\cos\theta. \end{aligned}\right.$$

Nous aurons, d'ailleurs,

$$p_x = \mu\left[2\alpha\frac{\partial u}{\partial x} + \beta\left(\frac{\partial u}{\partial y} + \frac{\partial v}{\partial x}\right)\right],$$

$$p_y = \mu\left[\alpha\left(\frac{\partial u}{\partial y} + \frac{\partial v}{\partial x}\right) + 2\beta\frac{\partial v}{\partial y}\right],$$

$$p_z = 0$$

---

[1] MAX MARGULES, *Ueber die Bestimmung der Reibungs- und Gleitungscoefficienten aus ebenen Bewegungen einer Flussigkeit* (*Sitzungsberichte der Akademie der Wissenschaften zu Wien*, Bd. LXXXIII, Abth. II, 1881, p. 12).

[2] N. PETROFF, *Neue Theorie der Reibung*. Hambourg et Leipzig, 1887, p. 95.

ou bien, en vertu des égalités (175),

$$(176)\quad \begin{cases} p_x = \dfrac{2\mu A}{r^2}[2\sin\theta\cos\theta\alpha + (\sin^2\theta - \cos^2\theta)\beta], \\ p_y = \dfrac{2\mu A}{r^2}[2\sin\theta\cos\theta\beta + (\sin^2\theta - \cos^2\theta)\alpha], \\ p_z = 0. \end{cases}$$

Si nous désignons par q la projection du vecteur (p_x, p_y, p_z) sur la direction de la vitesse Θ, nous avons

$$q = -p_x \sin\theta + p_y \cos\theta$$

ou, en vertu des égalités (176),

$$(177)\quad q = \frac{2\mu A}{r^2}[-2\sin\theta\cos\theta(\beta\cos\theta + \alpha\sin\theta) + (\sin^2\theta - \cos^2\theta)(\alpha\cos\theta - \beta\sin\theta)].$$

En un point du cylindre C_0, dont R_0 est le rayon, on a

$$r = R_0, \qquad \alpha = -\cos\theta, \qquad \beta = -\sin\theta,$$

$$(178)\quad q_0 = \frac{2\mu A}{R_0^2}.$$

En un point du cylindre C_1, dont R_1 est le rayon, on a

$$r = R_1, \qquad \alpha = \cos\theta, \qquad \beta = \sin\theta,$$

$$(178\ bis)\quad q_1 = -\frac{2\mu A}{R_1^2}.$$

Supposons d'abord que le liquide glisse sur chacun des deux cylindres que, pour simplifier, nous supposerons de même nature.

Le cylindre C_0 est immobile; la vitesse relative du fluide par rapport à cette paroi se réduit à

$$(179)\quad \Theta_0 = \frac{A}{R_0} + BR_0.$$

On aura donc, en vertu de l'égalité (178), en tout point du cylindre C_0,

$$(180)\quad \frac{2\mu A}{R_0^2} = -\left(f + \frac{\mathfrak{G}}{|\Theta_0|}\right)\left(\frac{A}{R_0} + BR_0\right).$$

La vitesse avec laquelle tourne un point de la surface C_1 est $\Omega_1 R_1$. La vitesse relative du fluide par rapport au solide est

$$(179\ bis) \qquad \Theta_1 - \Omega_1 R_1 = \frac{A}{R_1} + (B - \Omega_1) R_1.$$

On doit donc avoir, en vertu de l'égalité (178 *bis*), en tout point du cylindre C_1,

$$(180\ bis) \qquad \frac{2\mu A}{R_1^2} = -\left(f + \frac{\mathfrak{G}}{|\Omega_1 R_1 - \Theta_1|}\right)\left[-\frac{A}{R_1} + (\Omega_1 - B) R_1\right].$$

Les égalités (180) et (180 *bis*) nous enseignent que les deux quantités Θ_0 et $(\Omega_1 R_1 - \Theta_1)$ sont toutes deux de même signe et que ce signe est le signe de A. Supposons que ce signe soit le signe +. Les égalités (180) et (180 *bis*) donneront les deux égalités

$$(181) \qquad \left\{ \begin{aligned} \frac{2\mu A}{R_0^2} &= -f\left(\frac{A}{R_0} + B R_0\right) - \mathfrak{G}, \\ \frac{2\mu A}{R_1^2} &= \ \ f\left[\frac{A}{R_1} - (\Omega_1 - B) R_1\right] - \mathfrak{G}, \end{aligned} \right.$$

qui déterminent A et B et donnent, en particulier,

$$(182) \qquad A = -\frac{[(\mathfrak{G} + f\Omega_1 R_1) R_0 + \mathfrak{G} R_1] R_0^2 R_1^2}{2\mu(R_0^3 + R_1^3) - f(R_0^2 - R_1^2) R_0 R_1}.$$

Le dénominateur de cette expression est assurément positif, car on a

$$\mu > 0, \qquad f < 0, \qquad R_0 > R_1.$$

Mais l'usage des égalités (181) et (182) n'est légitime que si l'on a les inégalités

$$A > 0, \qquad \Theta_0 > 0, \qquad \Omega_1 R_1 - \Theta_1 > 0$$

qui, en vertu de l'inégalité $f < 0$ et des égalités (181), exigent que l'on ait les inégalités

$$A > 0, \qquad \frac{2\mu A}{R_0^2} + \mathfrak{G} > 0, \qquad \frac{2\mu A}{R_1^2} + \mathfrak{G} > 0.$$

De ces trois inégalités, la seconde, en vertu des conditions $\mathfrak{G} < 0$, $R_0 > R_1$, entraîne les deux autres; d'ailleurs, en vertu de l'égalité (182), cette seconde condition devient

$$\mathfrak{G}(R_0^2 - R_1^2)(2\mu - f R_1) - 2\mu f \Omega_1 R_1^3 > 0$$

ou bien

$$(183) \qquad \Omega_1 > \frac{\mathfrak{G}}{2\mu f}\,\frac{R_0^2 - R_1^2}{R_1^3}\,(2\mu - f R_1).$$

Si, dans les conditions (180) et (180 *bis*), nous avions supposé que le signe commun de A, de Θ_0 et de $(\Omega_1 R_1 - \Theta_1)$ fût le signe $-$, nous aurions obtenu, pour déterminer A et B, les conditions

$$(181\ bis)\qquad \begin{cases} \dfrac{2\mu A}{R_0^2} = -f\left(\dfrac{A}{R_0} + BR_0\right) + \mathfrak{G}, \\[2mm] \dfrac{2\mu A}{R_1^2} = \ \ f\left[\dfrac{A}{R_1} - (\Omega_1 - B)R_1\right] + \mathfrak{G}. \end{cases}$$

Mais, pour que l'usage de ces deux inégalités fût légitime, il faudrait que l'on eût

$$(183\ bis)\qquad \Omega_1 < -\frac{\mathfrak{G}}{2\mu f}\,\frac{R_0^2 - R_1^2}{R_1^2}(2\mu - f R_1).$$

Lors donc que l'on a

$$(184)\qquad -\frac{\mathfrak{G}}{2\mu f}\,\frac{R_0^2 - R_1^2}{R_1^2}(2\mu - f R_1) \leqq \Omega_1 \leqq \frac{\mathfrak{G}}{2\mu f}\,\frac{R_0^2 - R_1^2}{R_1^2}(2\mu - f R_1),$$

le liquide ne peut glisser sur les deux cylindres C_0, C_1; *il adhère au moins à l'un d'entre eux.*

La condition (184) étant vérifiée, peut-il arriver que le fluide adhère au cylindre C_1 et glisse sur le cylindre C_0?

L'égalité (179 *bis*) nous donnerait alors la première relation

$$(185)\qquad \frac{A}{R_1} + BR_1 + \Omega_1 R_1,$$

à laquelle il faudrait continuer de joindre la relation

$$(180)\qquad \frac{2\mu A}{R_0^2} = -\left(f + \frac{\mathfrak{G}}{|\Theta_0|}\right)\left(\frac{A}{R_0} + BR_0\right).$$

Comme f et $\mathfrak{G}$ sont tous deux négatifs, cette égalité (180) montre que A et $\Theta_0 = \dfrac{A}{R_0} + BR_0$ sont de même signe. Supposons d'abord que ces quantités soient positives. Alors, à l'équation (180), nous pourrons substituer l'équation

$$(186)\qquad \frac{2\mu A}{R_0^2} = -f\left(\frac{A}{R_0} + BR_0\right) - \mathfrak{G}.$$

Les égalités (185) et (186) déterminent A et B; elles donnent, en particulier,

$$(187)\qquad A = -\frac{(\mathfrak{G} + f\Omega_1 R_0)R_0^2 R_1^2}{2\mu R_1^2 - f(R_0^2 - R_1^2)R_0}.$$

Mais cette solution n'est acceptable que si elle donne pour A et pour $\Theta_0 = \frac{A}{R_0} + BR_0$ des valeurs positives; or, selon l'égalité (186), elle donne à Θ_0 le même signe qu'à $\frac{2\mu A}{R_0^2} + \mathfrak{G}$ et, comme $\mathfrak{G}$ est négatif, cette dernière quantité ne peut être positive que si A est positif. Donc, pour que la précédente solution soit acceptable, il faut et il suffit qu'elle vérifie la condition

$$(188) \qquad \frac{2\mu A}{R_0^2} + \mathfrak{G} > 0.$$

En vertu de l'expression (187) de A, expression dont le dénominateur est essentiellement positif, cette inégalité devient

$$-f[2\mu\Omega_1 R_1^2 + \mathfrak{G}(R_0^2 - R_1^2)] > 0,$$

ou bien, puisque f est essentiellement négatif,

$$(189) \qquad \Omega_1 > -\frac{\mathfrak{G}(R_0^2 - R_1^2)}{2\mu R_1^2}.$$

Si nous avions supposé que le signe commun de A et de Θ_0 fût le signe —, nous aurions obtenu, pour déterminer A et B, les équations

$$(185) \qquad \frac{A}{R_1} + BR_1 = \Omega_1 R_1,$$

$$(186\ bis) \qquad \frac{2\mu A}{R_0^2} = -f\left(\frac{A}{R_0} + BR_0\right) + \mathfrak{G}.$$

Mais, pour que cette solution fût valable, il faudrait que l'on eût

$$(189\ bis) \qquad \Omega_1 < \frac{\mathfrak{G}(R_0^2 - R_1^2)}{2\mu R_1}.$$

La quantité $\frac{\mathfrak{G}}{f}\frac{R_0^2 - R_1^2}{R_1^3}$ étant assurément positive, on a

$$(190) \qquad \frac{\mathfrak{G}}{2\mu f}\frac{R_0^2 - R_1^2}{R_1^3}(2\mu - fR_1) > -\frac{\mathfrak{G}(R_0^2 - R_1^2)}{2\mu R_1^2}.$$

On peut donc trouver des valeurs de Ω_1 qui vérifient à la fois la condition (184) et l'une des conditions (189) ou (189 *bis*).

Lors donc que l'on a ou bien

$$(191) \qquad -\frac{\mathfrak{G}(R_0^2 - R_1^2)}{2\mu R_1^2} < \Omega_1 < \frac{\mathfrak{G}}{2\mu f}\frac{R_0^2 - R_1^2}{R_1^3}(2\mu - fR_1)$$

ou bien

$$(191\ bis)\qquad -\frac{\mathfrak{S}}{2\mu f}\frac{R_0^2-R_1^2}{R_1^2}(2\mu-fR_1) < \Omega_1 < \frac{\mathfrak{S}(R_0^2-R_1^2)}{2\mu R_1^2},$$

le liquide ne peut glisser à la fois sur les deux cylindres C_0, C_1; *mais il peut adhérer au cylindre* C_1 *et glisser sur le cylindre* C_0. *Au contraire, ce régime est impossible si l'on a la condition*

$$(192)\qquad \frac{\mathfrak{S}(R_0^2-R_1^2)}{2\mu R_1^2} \leqq \Omega_1 \leqq -\frac{\mathfrak{S}(R_0^2-R_1^2)}{2\mu R_1^2},$$

qui entraîne la condition (184).

La condition (184) étant vérifiée, peut-il arriver que le liquide glisse sur le cylindre C_1 et adhère au cylindre C_0?

Les équations qui doivent déterminer A et B sont alors

$$(193)\qquad \frac{A}{R_0}+BR_0=0,$$

$$(180\ bis)\qquad \frac{2\mu A}{R_1^2}=-\left[f+\frac{\mathfrak{S}}{|\Omega_1R_1-\Theta_1|}\right]\left(\Omega_1R_1-\frac{R_1}{A}-BR_1\right).$$

En raisonnant comme dans le cas précédent, nous trouverons que, pour que ces conditions déterminent des valeurs acceptables de A et de B, il faut et il suffit que l'on ait ou bien

$$(194)\qquad \Omega_1 > -\frac{\mathfrak{S}(R_0^2-R_1^2)}{2\mu R_0^2},$$

ou bien

$$(194\ bis)\qquad \Omega_1 < \frac{\mathfrak{S}(R_0^2-R_1^2)}{2\mu R_0^2}.$$

D'ailleurs, on a

$$(195)\qquad -\frac{\mathfrak{S}(R_0^2-R_1^2)}{2\mu R_0^2} < -\frac{\mathfrak{S}(R_0^2-R_1^2)}{2\mu R_1^2},$$

et, *a fortiori*, selon l'inégalité (190),

$$(196)\qquad -\frac{\mathfrak{S}(R_0^2-R_1^2)}{2\mu R_0^2} < \frac{\mathfrak{S}}{2\mu f}\frac{R_0^2-R_1^2}{R_1^2}(2\mu-fR_1).$$

Les conditions (194) et (194 *bis*) sont donc compatibles avec la condition (184), et nous pouvons énoncer les propositions suivantes :

Lorsque l'on a ou bien

$$(197) \qquad -\frac{\mathfrak{G}(R_0^2-R_1^2)}{2\mu R_0^2} < \Omega_1 < \frac{\mathfrak{G}}{2\mu f}\,\frac{R_0^2-R_1^2}{R_1^2}(2\mu - f R_1)$$

ou bien

$$(197\ bis) \qquad -\frac{\mathfrak{G}}{2\mu f}\,\frac{R_0^2-R_1^2}{R_1^2}(2\mu - f R_1) < \Omega_1 < \frac{\mathfrak{G}(R_0^2-R_1^2)}{2\mu R_0^2},$$

le liquide peut adhérer au cylindre C_0 et glisser sur le cylindre C_1; lorsque l'on a, au contraire,

$$(198) \qquad \frac{\mathfrak{G}(R_0^2-R_1^2)}{2\mu R_0^2} \leqq \Omega_1 \leqq -\frac{\mathfrak{G}(R_0^2-R_1^2)}{2\mu R_0^2},$$

le liquide adhère forcément aux deux cylindres.

Dans ce dernier cas, les constantes A et B sont déterminées par les inégalités

$$(199) \qquad \frac{A}{R_1} + BR_1 = \Omega_1 R_1, \qquad \frac{A}{R_0} + BR_0 = 0.$$

En résumé, lorsque l'on a

$$(200) \qquad |\Omega_1| > \frac{\mathfrak{G}}{2\mu f}\,\frac{R_0^2-R_1^2}{R_1^2}(2\mu - f R_1),$$

le liquide glisse sur les deux cylindres.

Lorsque l'on a

$$(201) \qquad -\frac{\mathfrak{G}(R_0^2-R_1^2)}{2\mu R_1^2} < |\Omega_1| \leqq \frac{\mathfrak{G}}{2\mu f}\,\frac{R_0^2-R_1^2}{R_1^2}(2\mu - f R_1),$$

le liquide est susceptible de deux régimes permanents distincts; en l'un des régimes, il adhère au cylindre C_1 et glisse sur le cylindre C_0; en l'autre, il adhère au cylindre C_0 et glisse sur le cylindre C_1.

Lorsque l'on a

$$(202) \qquad -\frac{\mathfrak{G}(R_0^2-R_1^2)}{2\mu R_0^2} < |\Omega_1| \leqq -\frac{\mathfrak{G}(R_0^2-R_1^2)}{2\mu R_1^2},$$

le liquide adhère au cylindre C_0 et glisse sur le cylindre C_1.

Enfin, lorsque l'on a

$$(203) \qquad |\Omega_1| \leqq -\frac{\mathfrak{G}(R_0^2-R_1^2)}{2\mu R_0^2},$$

le liquide adhère aux deux cylindres C_0, C_1.

Dans tous les cas que nous venons de traiter, si l'on ne regardait pas l'adhérence du fluide à l'un des deux cylindres comme constituant une nouvelle condition de liaison, on devrait écrire que le vecteur (p_x, p_y, p_z) est normal à la surface d'adhérence. Dans le cas où cette surface est le cylindre C_0, on trouverait ainsi l'équation

$$\frac{2\mu A}{R_0^2} = 0,$$

et l'équation

$$\frac{2\mu A}{R_1^2} = 0$$

dans le cas où la surface d'adhérence est le cylindre C_1. L'une et l'autre de ces équations exigeraient que l'on eût

$$A = 0,$$

résultat incompatible avec les solutions précédentes.

CHAPITRE IV.

LA CONDITION AUX LIMITES SUPPLÉMENTAIRE.

§ 1. — Des dégagements de chaleur au sein d'un système dont diverses parties frottent les unes sur les autres.

Au Chapitre précédent nous avons étudié exclusivement certains mouvements en lesquels un régime permanent est établi; en ces mouvements, la température est, à la fois, uniforme et constante, en sorte qu'il est inutile de la faire figurer dans les équations.

En général, il n'en est plus ainsi, et la mise en équations du mouvement du système, où la température varie d'un point à l'autre et d'un instant à l'autre, n'est plus entièrement donnée par les principes posés au Chapitre II. Il convient d'y joindre une relation, vérifiée en tout point de la surface par laquelle deux corps frottent l'un sur l'autre, et que nous allons établir.

Les raisonnements que nous allons développer reposent tous sur une définition fondamentale que nous avons donnée autrefois [1] et que nous rappellerons tout d'abord.

[1] *Théorie thermodynamique de la viscosité, du frottement et des faux équilibres chimiques*, Chap. VI, § 2 (*Mémoire de la Société des Sciences physiques et naturelles de Bordeaux*, 5e série, t. II, 1896, et Paris, A. Hermann, 1896).

Considérons un corps qui présente, avec les corps voisins, des liaisons bilatérales, accompagnées de viscosité et de frottement; imaginons que ce corps éprouve une modification réelle ou virtuelle; soient :

δU_1 la variation que subit son énergie interne;

$d\mathfrak{T}_{e1}$ le travail virtuel des actions extérieures qui lui sont appliquées;

$d\mathfrak{T}_{j1}$ le travail virtuel des forces d'inertie;

$d\mathfrak{T}_{l1}$ le travail des actions fictives de liaison, définies à la manière de Lagrange, qui s'exercent à sa surface.

La quantité de chaleur dQ_1 que dégage le corps considéré est *définie* par l'égalité

$$(204)\qquad \mathrm{E}\,dQ_1 = -\mathrm{E}\,\delta U_1 + d\mathfrak{T}_{e1} + d\mathfrak{T}_{j1} + d\mathfrak{T}_{l1}.$$

Supposons que nous ayons affaire à une masse fluide 1, limitée, d'une part, par une surface s_1 le long de laquelle elle est *soudée* aux corps voisins, fluides ou solides, et, d'autre part, par une surface S le long de laquelle elle glisse, avec viscosité et frottement, sur un autre corps 2.

Selon ce que nous avons vu au Chapitre II, les actions de liaison qui doivent figurer dans le calcul de $d\mathfrak{T}_l$ se composent :

1° D'une pression, de composantes ϖ_x, ϖ_y, ϖ_z, appliquée en chaque point de la surface s_1;

2° D'une pression ϖ, normale à la surface S et dirigée vers l'intérieur du fluide 1, appliquée en chaque point de la surface S.

Si, comme nous l'avons fait au Chapitre II, nous désignons par N la normale à la surface S dirigée de 1 vers 2, nous aurons

$$(205)\qquad \begin{aligned} d\mathfrak{T}_{l1} = &-\int \varpi[\cos(\mathrm{N}, x)\,\delta x_1 + \cos(\mathrm{N}, y)\,\delta y_1 + \cos(\mathrm{N}, z)\,\delta z_1]\,d\mathrm{S} \\ &+ \int (\varpi_x\,\delta x_1 + \varpi_y\,\delta y_1 + \varpi_z\,\delta z_1)\,ds_1. \end{aligned}$$

Le milieu auquel le corps 1 est soudé le long de la surface s_1 peut être fluide; ϖ_x, ϖ_y, ϖ_z sont alors donnés par les équations (71); il peut être solide; ϖ_x, ϖ_y, ϖ_z sont alors donnés par les équations (87), qui ont même forme que les égalités (71). En toutes circonstances, l'égalité (205) peut s'écrire

$$(206)\qquad \begin{aligned} d\mathfrak{T}_{l1} = &-\int \varpi[\cos(\mathrm{N}, x)\,\delta x_1 + \cos(\mathrm{N}, y)\,\delta y_1 + \cos(\mathrm{N}, z)\,\delta z_1]\,d\mathrm{S} \\ &+ \int (p_{x1}\,\delta x_1 + p_{y1}\,\delta y_1 + p_{z1}\,\delta z_1)\,ds_1 \\ &+ \int \Pi_1[\cos(n_i, x)\,\delta x_1 + \cos(n_i, y)\,\delta y_1 + \cos(n_i, z)\,\delta z_1]\,ds_1, \end{aligned}$$

n_i étant la normale à la surface s_1, vers l'intérieur du corps 1.

Rien n'empêche de supposer que le milieu auquel le fluide 1 est soudé le long de la surface s_1 ne soit la continuation du fluide 1 lui-même; la surface s_1 sera une surface quelconque tracée à l'intérieur du fluide 1.

Soient λ une quantité constamment positive, variable d'une manière continue le long de la surface S, donnée une fois pour toutes, et ε une quantité positive infiniment petite, la même en tout point de S. Par chaque point M de S élevons, vers l'intérieur du fluide 1, une normale Mm_1 de longueur $\delta = \varepsilon\lambda$. Prenons le lieu du point m_1 pour surface s_1.

Si nous considérons le point M et le point correspondant m_1, nous pourrons écrire les égalités

$$ds_1 = dS,$$

$$\delta x_1(m_1) = \delta x_1(M_1), \qquad \delta y_1(m_1) = \delta y_1(M_1), \qquad \delta z_1(m_1) = \delta z_1(M_1),$$

$$\cos(n_i, x) = \cos(N, x), \qquad \cos(n_i, y) = \cos(N, y), \qquad \cos(n_i, z) = \cos(N, z).$$

En chacune de ces égalités sont négligées des quantités de l'ordre du produit de ε par la grandeur écrite en l'un ou l'autre membre.

Lors donc que ε tend vers o, $d\mathfrak{E}_i$ a pour limite

$$\begin{aligned} d\mathfrak{E}_{li} = \int \Big\{ & [p_{x1} + (\Pi_1 - \varpi)\cos(N, x)]\,\delta x_1 \\ & + [p_{y1} + (\Pi_1 - \varpi)\cos(N, y)]\,\delta y_1 \\ & + [p_{z1} + (\Pi_1 - \varpi)\cos(N, z)]\,\delta z_1 \Big\}\, dS. \end{aligned}$$

Si nous tenons compte des égalités (56) et (57) et si nous observons que, dans ces égalités,

$$\cos(n_1, x) = -\cos(N, x), \quad \cos(n_1, y) = -\cos(N, y), \quad \cos(n, z) = -\cos(N, z),$$

nous trouvons que $d\mathfrak{E}_i$ a pour limite, lorsque ε tend vers o,

$$(207) \quad d\mathfrak{E}_{li} = -\int \left\{ \left(f + \frac{\mathfrak{G}}{|r'|} \right) [(u_1 - u_2)\,\delta x_1 + (v_1 - v_2)\,\delta y_1 + (w_1 - w_2)\,\delta z_1] \right\} dS.$$

D'autre part, lorsque ε tend vers o, chacune des quantités δU, $d\mathfrak{E}_e$, $d\mathfrak{E}_i$ qui figurent dans l'égalité (204) tend vers o comme les produits $\varepsilon\,\delta x_1$, $\varepsilon\,\delta y_1$, $\varepsilon\,\delta z_1$. D'où la conclusion suivante :

En un fluide, on considère une couche infiniment mince qui confine à une partie de la surface limite; on suppose que, le long de cette surface, le fluide glisse avec viscosité et frottement sur les corps voisins. Lorsque l'épaisseur de cette couche tend vers o, la quantité de chaleur qu'elle dégage en une modification virtuelle quelconque ne tend pas en général vers o; cette quan-

tité a pour limite :

$$(208)\qquad dQ_1 = -\frac{1}{E}\int\left\{\left(f + \frac{\mathfrak{G}}{|r'|}\right)[(u_1 - u_2)\,\delta x_1 + (v_1 - v_2)\,\delta y_1 + (w_1 - w_2)\,\delta z_1]\right\} dS.$$

PAR DÉFINITION, *cette quantité est la* QUANTITÉ DE CHALEUR DÉGAGÉE PAR LA VISCOSITÉ ET LE FROTTEMENT EN LA PARTIE S DE LA SURFACE LIMITE DU FLUIDE 1.

La formule (208), que nous venons d'obtenir en supposant que le corps 1 soit un fluide, est un cas particulier d'une formule plus générale, indépendante de la nature du corps 1. Pour établir cette formule générale, nous imposerons aux indices 1 et 2 une permutation qui nous sera commode dans la suite. Nous désignerons par 2 le corps dont nous étudions le dégagement de chaleur dQ_2, par 1 le corps sur lequel il glisse le long de la surface S, par s_2 la surface qui le soude à d'autres corps. dQ_2 sera donnée par l'égalité

$$(204\ bis)\qquad E\,dQ_2 = -E\,\delta U_2 + d\mathfrak{S}_{e2} + d\mathfrak{S}_{j2} + d\mathfrak{S}_{l2}.$$

D'autre part, les équations du mouvement de ce corps 2 sont données par les principes généraux que nous avons posés ailleurs (¹).

Soient :

$\delta_T \mathfrak{F}_2$ la variation virtuelle du potentiel interne $\mathfrak{F}_2$, prise en supposant toutes les températures invariables;

$d\mathfrak{S}_{v2}$ le travail virtuel de la viscosité interne du corps 2, supposé dépourvu de frottement interne;

$d\mathfrak{S}_{w2}$ le travail virtuel des viscosités de contact qui agissent le long de la surface terminale;

$d\mathfrak{S}_{\psi 2}$ le travail virtuel des frottements de contact le long de la même surface.

Les équations du mouvement du corps 2 sont condensées dans la formule

$$(209)\qquad d\mathfrak{S}_{e2} + d\mathfrak{S}_{l2} - \delta_T \mathfrak{F}_2 + d\mathfrak{S}_{j2} + d\mathfrak{S}_{v2} + d\mathfrak{S}_{w2} + d\mathfrak{S}_{\psi 2} = 0.$$

Comparée à l'égalité (204 *bis*), cette égalité (209) donne

$$(310)\qquad E\,dQ_2 = \delta_T \mathfrak{F}_2 - E\,\delta U_2 - d\mathfrak{S}_{v2} - d\mathfrak{S}_{w2} - d\mathfrak{S}_{\psi 2}.$$

Supposons que le corps 2 se réduise à une couche infiniment mince, d'épaisseur δ, qui confine à la surface S; les quantités $\delta_T \mathfrak{F}_2$, δU_2, $d\mathfrak{S}_{v2}$ tendront vers zéro avec ϵ;

(¹) *Théorie thermodynamique de la viscosité, du frottement et des faux équilibres chimiques*, Chapitre VI, § I, équations (223) (*Mémoires de la Société des Sciences physiques et naturelles de Bordeaux*, 5ᵉ série, t. II, 1896 et Paris, A. Hermann, 1896).

comme le long de la surface s_2 le corps 2 est soudé aux corps voisins, il n'y a le long de cette surface ni frottement de contact, ni viscosité de contact; $(d\mathfrak{G}_{w2}+d\mathfrak{G}_{\psi_2})$ est donc le travail virtuel des viscosités et frottements de contact qui agissent le long de la surface S; cette somme est indépendante de ε; en sorte que lorsque ε tend vers 0, dQ_2 a pour limite

$$dQ_2 = -\frac{1}{E}(d\mathfrak{G}_{w2}+d\mathfrak{G}_{\psi_2}). \tag{211}$$

En un corps quelconque, on considère une couche infiniment mince qui confine à la surface limite; on suppose que, le long de cette surface, le corps glisse avec viscosité et frottement sur les corps voisins. Lorsque l'épaisseur de cette couche tend vers 0, la quantité de chaleur qu'elle dégage ne tend pas vers 0; elle a pour limite le quotient par l'équivalent mécanique de la chaleur du travail virtuel changé de signe du frottement de contact et de la viscosité de contact qui s'exercent sur le corps considéré, le long de la surface considérée.

Les développements donnés au Chapitre II nous montrent que si le corps 1 est un fluide ou un solide isotrope, la valeur limite de dQ_2 est

$$dQ_2 = -\frac{1}{E}\int\left\{\left(f+\frac{\mathfrak{G}}{|r'|}\right)[(u_2-u_1)\delta x_2+(v_2-v_1)\delta y_2+(w_2-w_1)\delta z_2]\right\}dS. \tag{208 bis}$$

§ 2. — La condition supplémentaire en une surface le long de laquelle deux corps glissent l'un sur l'autre.

Soit S une aire finie quelconque découpée en la surface par laquelle deux corps confinent l'un à l'autre et glissent l'un sur l'autre. A partir de cette aire, traçons, au sein des deux corps, les surfaces s_1, s_2, infiniment voisines de S, qui ont été considérées au paragraphe précédent.

Dans le temps dt, la masse matérielle comprise entre les surfaces s_1, s_2 et formée des couches 1 et 2 dégage réellement une quantité de chaleur dQ dont la théorie de la conductibilité fournit l'expression :

$$dQ = dt\int k_1\frac{\partial T}{\partial n_i}ds_1 + dt\int k_2\frac{\partial T}{\partial n_i}ds_2,$$

k_1 étant le coefficient de conductibilité du corps 1, k_2 le coefficient de conductibilité du corps 2, la normale n_i étant menée vers l'intérieur du corps 1 le long de la surface s_1, et vers l'intérieur du corps 2 le long de la surface s_2.

Lorsque ε tend vers o, cette quantité de chaleur a pour limite

$$(212) \qquad dQ = dt \int \left[k_1 \left(\frac{\partial T}{\partial N} \right)_1 - k_2 \left(\frac{\partial T}{\partial N} \right)_2 \right] dS.$$

Mais cette limite peut s'obtenir d'une autre manière; dQ est égal, en effet, à la somme $(dQ_1 + dQ_2)$ des quantités de chaleur réellement dégagées, dans le temps dt, par les couches 1 et 2; et les valeurs limites de dQ_1 et dQ_2 se tirent des égalités (208) et (208 *bis*) en y faisant

$$\delta x_1 = u_1\, dt, \qquad \delta y_1 = v_1\, dt, \qquad \delta z_1 = w_1\, dt,$$
$$\delta x_2 = u_2\, dt, \qquad \delta y_2 = v_2\, dt, \qquad \delta z_2 = w_2\, dt,$$

ce qui nous donne pour valeur de la *quantité de chaleur réellement dégagée, dans le temps dt, en une portion quelconque de la surface par laquelle deux corps glissent l'un sur l'autre, la valeur essentiellement positive*

$$(213) \quad \begin{aligned} dQ &= -\frac{dt}{E} \int \left(f + \frac{\mathfrak{G}}{|r'|} \right) [(u_1 - u_2)^2 + (v_1 - v_2)^2 + (w_1 - w_2)^2]\, dS \\ &= -\frac{dt}{E} \int (f r'^2 + \mathfrak{G} |r'|)\, dS. \end{aligned}$$

Les seconds membres des égalités (212) et (213) doivent être égaux entre eux, quelle que soit l'aire S découpée sur la surface de contact des deux corps; pour cela, il faut et il suffit *que l'on ait, en tout point de la surface le long de laquelle deux corps glissent l'un sur l'autre, et à tout instant, la relation*

$$(214) \quad k_1 \left(\frac{\partial T}{\partial N} \right)_1 - k_2 \left(\frac{\partial T}{\partial N} \right)_2 = \frac{1}{E} \left(f + \frac{\mathfrak{G}}{|r'|} \right) [(u_1 - u_2)^2 + (v_1 - v_2)^2 + (w_1 - w_2)^2] = 0$$

qui peut aussi s'écrire, en désignant par n_1, n_2, les deux demi-normales à la surface S dirigées l'une vers l'intérieur du corps 1, l'autre vers l'intérieur du corps 2,

$$(214\ bis) \quad k_1 \frac{\partial T}{\partial n_1} + k_2 \frac{\partial T}{\partial n_2} - \frac{1}{E} \left(f + \frac{\mathfrak{G}}{|r'|} \right) [(u_1 - u_2)^2 + (v_1 - v_2)^2 + (w_1 - w_2)^2] = 0.$$

Dans le cas où les corps 1 et 2 sont soudés entre eux le long de la surface S, on doit, comme nous le savons, faire

$$f = 0, \qquad \mathfrak{G} = 0$$

L'égalité (213) devient alors

$$dQ = 0 \tag{215}$$

et l'égalité (214 *bis*) se réduit à

$$k_1 \frac{\partial T}{\partial n_1} + k_2 \frac{\partial T}{\partial n_2} = 0. \tag{216}$$

Dans le cas où les deux corps en contact glissent l'un sur l'autre avec viscosité, mais sans frottement, nos diverses égalités prennent des formes que l'on obtient aisément en y faisant $\mathfrak{G} = 0$. Ces formes ont été données par G. Kirchhoff (¹). Il importait de les étendre au cas où il y a frottement et de les déduire rigoureusement de nos définitions générales de la quantité de chaleur dégagée par un système.

CHAPITRE V.

ÉTUDE HISTORIQUE SUR LES CONDITIONS VÉRIFIÉES AUX LIMITES D'UN FLUIDE.

Les lois de la résistance qu'un fluide oppose au mouvement des solides qui y sont immergés, qu'il éprouve de la part des parois solides au long desquelles il coule avaient, de bonne heure, préoccupé les physiciens, sans que ceux-ci s'accordassent dans leurs opinions; Newton, Daniel Bernoulli, s'Gravesande, Chezy, l'abbé Bossut, Du Buat, avaient proposé, pour représenter ces lois, les formules les plus diverses (²).

Parmi ces physiciens, il en est un dont les recherches méritent d'arrêter un instant notre attention : c'est Du Buat (³).

Les expériences de Du Buat sur l'écoulement de l'eau dans les tuyaux l'amènent à supposer qu'une couche d'eau demeure adhérente à la paroi solide et ne prend

(¹) G. Kirchhoff, *Vorlesungen über die Theorie der Wärme, herausgegeben von* Dr Max Planck, XIe Vorlesung, § 4; Leipzig, 1894.

(²) On trouvera d'intéressants renseignements sur ces anciennes recherches dans le Mémoire de Girard sur le mouvement des fluides dans les tubes capillaires, Mémoire qui sera cité plus loin.

(³) Du Buat, *Principes d'Hydraulique, vérifiés par un grand nombre d'expériences faites par ordre du Gouvernement*, 2 vol. (1re édition, Paris, 1779. — 2e édition, Paris, 1786).

aucune part au mouvement qui entraîne le reste du fluide [1] (*loc. cit.*, 2e édition, t. I, p. 93). De même, lorsqu'un corps solide se meut dans un fluide, il entraîne « avec lui une certaine quantité du même fluide qui varie peu avec la différence des vitesses; de sorte que la masse en mouvement ne consiste pas seulement en la masse propre du corps, mais encore en celle du fluide entraîné, ce qui convient très bien avec ce que nous avons appelé *poupe* et *proue fluide* » (*loc. cit.*; t. II, IIIe Partie, Section I, Chap. VII, p. 234). L'étude de cet entraînement du fluide par un solide en mouvement apparaît à Du Buat comme un objet d'une extrême importance : « Il n'est pas de moyen plus propre, dit-il (*loc. cit.*, t. II, p. 229) pour déterminer la quantité du fluide qu'entraîne avec lui un corps plongé que de faire osciller le corps dans le fluide.... On connaît les expériences de Newton sur les oscillations des globes dans différents fluides; comme il n'avait pour objet que de déterminer directement la résistance il ne s'attacha qu'aux pertes des amplitudes, sans observer la durée des oscillations. »

De quelle manière devons-nous concevoir cet entraînement? Le fluide se sépare-t-il, par une surface précise, en deux parties, l'une qui, pour ainsi dire, perdrait sa fluidité et ferait corps avec le solide; l'autre, demeurée fluide et glissant sur la première comme glissait la masse fluide entière à la surface du solide, selon l'hypothèse admise avant Du Buat? Ou bien, au contraire, la vitesse du fluide, identique à celle du solide le long de leur commune frontière, varie-t-elle d'une manière continue lorsqu'on s'éloigne de cette surface?

Si l'on s'en tenait seulement aux passages que nous avons cités, on attribuerait sans doute à Du Buat la première opinion; mais il est moins aisé de la concilier avec d'autres passages de ses *Principes d'Hydraulique*.

La masse même, qu'il attribue au fluide entraîné, semble peu compatible avec l'hypothèse que les mouvements de cette masse sont rigoureusement solidaires des oscillations du solide. « On voit, dit-il (*loc. cit.*; t. II, IIIe Partie, Section I, Chap. VII), qu'en *général*, un globe, mû dans l'eau, entraîne avec lui, *tant en avant que derrière*, une portion du fluide dont le volume excède un peu la moitié du sien. »

---

(1) Cette supposition s'était déjà présentée incidemment à l'esprit de Daniel Bernoulli, comme propre à expliquer les divergences entre les principes de l'Hydraulique et les données de l'observation. « Non dubito, écrit-il (a), quin hæc ad amussim experientiæ essent responsura, si modo adhæsio aquæ ad latera tubi motum non retardaret; puto tamen, eventum experimentorum talem esse posse, ut intelligenti, qui horum impedimentorum rationem habeat, satis ostendant *propositionum veritatem*. » Et plus loin (b) : *Enormes has differentias* maxima ex partie adhæsioni aquæ ad latera tubi tribuo, quæ certe adhæsio in hujusmodi casibus incredibilem exercere potest effectum. »

(a) DANIELIS BERNOULLI, *Hydrodynamica*, Sectio tertia, § 27, p. 50. — Argentorati, anno MDCCXXXVIII.

(b) *Ibid.*, ad. § 27, p. 59.

Coulomb (¹) semblait ignorant ou insoucieux des recherches de Du Buat, lorsque, à l'imitation de Newton, il entreprit de déterminer, par des recherches expérimentales précises, la loi de la résistance qui s'oppose au mouvement relatif d'un solide et d'un fluide. Il fit osciller lentement dans un fluide un disque ou un cylindre suspendu à un fil de torsion et ses recherches le conduisirent au résultat suivant : La résistance qui s'oppose au mouvement relatif d'un solide et d'un fluide est la somme de deux termes; l'un de ces termes est proportionnel à la vitesse relative du solide et du fluide et l'autre au carré de cette même vitesse.

Cette loi, Coulomb ne la considère nullement comme un principe premier, expression immédiate de rapports qui existent entre le solide et le fluide le long de leur commune surface; il la regarde comme une conséquence du mouvement engendré dans le fluide. Quant aux rapports qui s'établissent entre le solide et le fluide le long de leurs surfaces de contact, voici ce qu'il en dit (*loc. cit.*, p. 296) : « On peut soupçonner que la cohérence entraîne latéralement au cylindre une petite portion du fluide dont toutes les molécules se détachent. Les molécules qui touchent immédiatement le cylindre prennent la même vitesse que le cylindre ; mais les parties latérales un peu plus éloignées prennent une plus petite vitesse, et, à une distance latérale de deux ou trois millimètres, la vitesse cesse en entier. »

De cette manière de voir, Coulomb trouve une preuve dans l'expérieu ce suivante : La loi suivant laquelle décroissent les amplitudes des oscillations d'un disque plongé au sein d'un liquide ne varie pas lorsque la surface du disque métallique est enduite de suif ou saupoudrée de grès. « Il paraît, ajoute Coulomb (*loc. cit.*, p. 287), que l'on peut conclure de cette expérience que la partie de la résistance que nous avons trouvée proportionnelle à la simple vitesse est due à l'adhérence des molécules du fluide entre elles, et non à l'adhérence de ces molécules avec la surface du corps. »

Le Mémoire de Coulomb inspira les recherches de Girard. Dès 1804, Girard (²) tentait d'appliquer à l'Hydraulique l'hypothèse, proposée par Coulomb, selon laquelle un liquide éprouve, de la part des parois solides le long desquelles il coule, une résistance proportionnelle à la surface de ces parois et composée de deux termes : l'un au, proportionnel à la vitesse u du fluide; l'autre bu^2, proportionnel au carré de cette vitesse; mais il s'efforça d'adopter pour a et b des valeurs numériques égales; idée étrange, puisque ces coefficients ont des dimensions différentes et que le rapport de leurs valeurs numériques dépend du système

(¹) *Expériences destinées à déterminer la cohérence des fluides et les lois de leur résistance dans les mouvements très lents*, par le citoyen COULOMB. Lu le 6 prairial, an VIII (1800). (*Mémoires de l'Institut national des Sciences et des Arts*. Sciences mathématiques et physiques, t. III, prairial an IX, p. 246.)

(²) GIRARD, *Rapport sur le projet général du canal de l'Ourcq*, 1804, p. 37.

d'unités adopté, comme Girard devait le reconnaître avec bonne grâce quelques années plus tard ([1]).

Dissipant cette erreur, de Prony, dans ses *Recherches physico-mathématiques sur la théorie des eaux courantes*, reprend la formule primitive de Coulomb et s'attache à déterminer la valeur des coefficients a et b.

De Prony admet d'ailleurs, comme Du Buat, dont il s'inspire, qu'une masse fluide notable demeure adhérente aux parois d'un canal où coule un liquide; il croit cette couche adhérente assez épaisse pour que ni la nature de la paroi, ni les petites aspérités qu'elle présente, n'aient d'influence sur le mouvement du liquide. « Lorsque le fluide coule dans un tuyau ou sur un lit susceptible d'être mouillé, une lame ou couche du fluide reste adhérente à la matière qui compose ce tuyau ou dans laquelle ce lit est creusé; cette couche peut ainsi être regardée comme la véritable paroi qui renferme la masse fluide en mouvement. »

En 1816, Girard revint ([2]) à l'étude de la résistance que les parois solides opposent à l'écoulement des fluides; il aborda cette étude au double point de vue théorique et expérimental. Il demeure attaché aux lois posées par Coulomb, dont le Mémoire « contient les principes qui doivent conduire à la solution de cette question » (*loc. cit.*, p. 253).

Ces principes, toutefois, il les précise et, en les précisant, il les altère de manière à les rapprocher des idées de Du Buat et de Prony. Coulomb, en un passage que nous avons cité, admettait qu'un solide et un liquide en mouvement relatif adhèrent le long de la surface de contact, puis que la vitesse varie graduellement, à partir de cette surface de contact, lorsqu'on pénètre au sein du liquide. Pour Girard, une gaine fluide très mince adhère à la surface du solide; une surface de discontinuité sépare cette gaine du reste du liquide et la vitesse qui figure dans ses formules, c'est la vitesse relative des deux masses fluides que sépare cette surface : « Par l'effet, dit-il (*loc. cit.*, p. 254), de l'adhérence du fluide aux parois du canal qui le contient, il arrive qu'une couche très mince de ce fluide reste attachée à ces parois, de sorte que le courant s'établit en glissant sur cette couche. »

Cette couche très mince qui adhère au solide oppose au mouvement du reste du fluide une résistance au proportionnelle à leur vitesse relative (*loc. cit.*, p. 255); cette résistance est donc attribuable, non aux actions du solide sur le fluide, mais aux actions mutuelles des diverses parties du fluide. Elle existerait seule si la paroi solide était parfaitement polie; mais la paroi offre une multitude

---

([1]) GIRARD, *Mémoire sur le mouvement des fluides*, etc. (*voir* ci-dessous), p. 256.

([2]) *Mémoire sur le mouvement des fluides dans les tubes capillaires et l'influence de la température sur ce mouvement*, par M. GIRARD. Lu à l'Académie, le 30 avril et le 6 mai 1816 (*Mémoires de la classe des Sciences mathématiques et physiques de l'Institut de France*, années 1813, 1814 et 1815).

d'aspérités qu'épouse fidèlement la couche adhérente et qui se reproduisent à la surface par laquelle cette couche confine au reste du fluide; c'est à ces aspérités qu'il faut attribuer la présence, dans l'expression de la résistance, d'un terme bu^2 proportionnel au carré de la vitesse u (*loc. cit.*, p. 255). Girard, on le voit, suppose à la gaine liquide adhérente moins d'épaisseur que ne lui en attribuaient Du Buat et de Prony.

Les expériences effectuées par Girard ne s'accordent guère avec les fondements de sa théorie; la valeur du coefficient a, au lieu d'être constante pour un fluide donné, dépend du diamètre du tube par lequel le liquide s'écoule (*loc. cit.*, p. 297 et p. 328). Girard, il est vrai, ne s'émeut guère de cette contradiction; bien plus, il lui semble (*loc. cit.*, p. 328) que « l'existence de cette couche fluide (immobile, qui tapisse intérieurement le tuyau), par laquelle nous avons expliqué les phénomènes précédents, se trouve démontrée par celui qui nous occupe actuellement ». D'ailleurs, pour rétablir l'accord entre sa théorie et les faits d'expérience, il n'hésite pas à supposer que l'épaisseur de la couche adhérente dépend de la courbure de la paroi.

Les hypothèses touchant les actions moléculaires qui ont fourni à Navier (1) les formules relatives à la viscosité intérieure des fluides lui fournissent également la théorie de la résistance qu'une paroi solide oppose à l'écoulement d'un fluide.

Pour Navier, le fluide n'est pas adhérent au solide; au contact d'une paroi immobile, le fluide a une vitesse dont les composantes u, v, w, différentes de o, vérifient seulement la condition (*loc. cit.*, p. 415)

$$u\cos(n_i, x) + v\cos(n_i, y) + w\cos(n_i, z) = 0.$$

Le travail virtuel des actions du solide sur la couche fluide contiguë a pour valeur (*loc. cit.*, p. 411)

$$-\int E(u\,\delta x + v\,\delta y + w\,\delta z)\,dS,$$

dS étant un élément de la surface de contact et δx, δy, δz les composantes du déplacement virtuel de la masse liquide qui confine à cet élément. E est un coefficient positif qui dépend seulement de la nature du liquide et du solide et de leur commune température.

Cette expression du travail de la viscosité de contact rentre comme cas particulier dans notre formule (48), à condition d'y réduire notre quantité f à $-$E.

(1) NAVIER, *Mémoire sur les lois du mouvement des fluides*, lu à l'Académie royale des Sciences, le 18 Mars 1822 (*Mémoires de l'Académie royale des Sciences de l'Institut de France*, année 1823, p. 389). On trouve un exposé des formules de Navier dans RESAL, *Traité de Mécanique générale*, t. II, p. 252; 1874.

La théorie proposée par Navier rentre donc comme cas particulier dans celle que nous avons exposée, à la condition de faire, en celle-ci,

$$f = -E, \qquad \phi = 0.$$

Et, en effet, si l'on substitue ces valeurs dans les conditions (76), on obtient les équations qui doivent, selon Navier, être vérifiées en tout point de la surface de contact du solide et du liquide (*loc. cit.*, p. 415).

Ces conditions, Navier en fait usage pour traiter *de l'écoulement d'un fluide par un tuyau rectiligne dont la section est rectangulaire* (*loc. cit.*, p. 417), puis *de l'écoulement d'un fluide par un tuyau rectiligne dont la section est circulaire* (*loc. cit.*, p. 422). Les formules qu'il donne pour résoudre ce problème sont, au fond, identiques à celles que Girard avait déduites de sa théorie.

Ce rapprochement entre les conséquences de la théorie de Girard et les conséquences de la théorie de Navier ne doit pas nous surprendre; distinctes par une de leurs hypothèses fondamentales, la théorie de Girard et la théorie de Navier ne tardent guère à se rejoindre; pour celui-ci, c'est sur la paroi solide même que glisse le liquide; pour celui-là, c'est sur une mince couche fluide adhérente au liquide; mais, pour l'un comme pour l'autre, une surface de discontinuité sépare les masses mobiles des masses immobiles et les premières retardent les secondes par une viscosité à laquelle les deux physiciens imposent les mêmes lois.

La contradiction que les formules de Girard rencontrent dans ses propres expériences s'oppose donc également à l'adoption des formules de Navier.

En 1829, Poisson compose un Mémoire ([1]), capital pour le développement de la physique moléculaire, qui contient une théorie fort originale du mouvement des fluides visqueux; les hypothèses qu'il formule touchant l'action d'une paroi solide sur un fluide en mouvement ont d'étroites relations avec les suppositions que Girard avait émises.

« Si un fluide, dit-il (*loc. cit.*, p. 94), est en contact avec un corps solide susceptible d'agir sur ses molécules, cette action produira une compression particulière qui peut se transmettre de proche en proche, jusqu'à une distance extrêmement petite, mais sensible, de la surface du solide, quoique l'action immédiate de ce corps n'ait lieu qu'à une distance insensible. Il se peut que, dans l'épaisseur de cette couche ainsi comprimée, le fluide perde sa fluidité, ou, autrement dit, il est possible que ses molécules soient assez rapprochées les unes des autres pour que leur forme influe sur leur action mutuelle, comme dans les corps solides. Dans cette hypothèse, la contraction linéaire et, par suite, la pression moléculaire, n'y seront plus égales en tout sens autour de chaque

---

([1]) *Mémoire sur les équations générales de l'équilibre et du mouvement des corps solides élastiques et des fluides*, par S.-D. Poisson, lu à l'Académie des Sciences, le 12 octobre 1829 (*Journal de l'École Polytechnique*, XXe cahier, t. XIII, 1831, p. 1).

point; et c'est sans doute ce qui a lieu dans la couche extrêmement mince qui s'attache à un corps mouillé par un liquide et ne coule plus le long de sa surface; ce qui est un effet distinct de l'adhésion apparente, due à la même cause que les phénomènes de la capillarité. »

Comme Girard, Poisson admet qu'une véritable surface de discontinuité sépare cette couche immobile, adhérente à la paroi, de la masse fluide mobile :

« Nous avons déjà remarqué (*loc. cit.*, p. 161) qu'il est possible qu'une couche très mince du fluide devienne adhérente à cette paroi et perde sa fluidité; dans ce cas, nous regarderons cette couche comme faisant partie de la paroi qui aura pour surface celle de cette même couche où se termine le fluide qui sera resté mobile. »

L'accord entre les vues de Poisson et celles de Girard, que nous venons de constater dans les hypothèses fondamentales, se retrouve dans leurs conséquences : celles-ci, dès lors, s'accordent également avec les formules de Navier. Les conditions vérifiées à la surface de contact du solide et du fluide (*loc. cit.*, p. 169) sont ce que deviennent nos égalités (76) si l'on y remplace $\mathfrak{G}$ par o et f par un coefficient μ qui dépend « de la nature du fluide et de celle de la paroi. Il sera constant dans le cas d'un fluide incompressible et homogène qui aura partout la même température. S'il s'agit d'un fluide aériforme, il pourra dépendre de la compression variable du fluide ».

Si les suppositions de Poisson, dans le Mémoire que nous venons de citer, s'accordent très exactement avec celles de Girard, elles sont au contraire pleinement conformes à celles de Navier dans le Mémoire que Poisson consacre à la théorie du pendule ([1]). Les vitesses des molécules adjacentes au solide ne sont plus supposées identiques à celles du solide; le fluide peut glisser à la surface du solide; il est assujetti seulement à cette condition : « Les vitesses des molécules adjacentes à ce corps sont constamment les mêmes, dans le sens normal, que celles des points correspondants de sa surface. » Mais, en glissant à la surface du solide, le fluide, par son frottement, produit une action tangentielle proportionnelle à la vitesse relative des deux corps en contact.

Ces principes sont bien ceux qu'admet Navier; mais, par une singulière inconséquence, Poisson omet de tenir compte, dans ses équations, de la viscosité interne du fluide; il aurait dû, dès lors, en vertu même de ses hypothèses, admettre que le fluide demeure adhérent au solide tout le long de leur commune surface.

L'idée, émise par Coulomb, selon laquelle le fluide se meut avec une vitesse exactement égale, le long des parois, à celle du solide qu'il baigne, et graduel-

([1]) S.-D. Poisson, *Mémoire sur les mouvements simultanés d'un pendule et de l'air environnant* (*Mémoires de l'Académie des Sciences*, t. XI, 1832, p. 521).

lement variable avec la distance à ces parois, semble donc généralement abandonnée; Girard, Navier, Poisson s'accordent à admettre l'existence d'une surface au travers de laquelle la vitesse subit une brusque variation; leurs opinions divergent seulement touchant le siège de cette surface. Nous retrouvons toutefois, en 1839, l'opinion de Coulomb dans un travail, d'ailleurs médiocre, de Hagen (¹); lorsqu'un liquide coule dans un tube étroit, Hagen admet sans discussion (*loc. cit.*, p. 433) que la vitesse d'écoulement, nulle à la paroi, est, en chaque point, proportionnelle à la distance de ce point à la paroi.

L'opinion émise par Coulomb et abandonnée par la plupart de ses successeurs, allait trouver en Stokes un partisan convaincu; à l'appui de cette opinion, Stokes allait invoquer un argument nouveau, qui sera repris ensuite par divers théoriciens. Voici sous quelle forme il présente cet argument (²) :

Au sein d'un fluide visqueux en mouvement (*Papers*, Vol. I, p. 96) imaginons une surface et supposons qu'au voisinage de cette surface, les dérivées partielles des composantes u, v, w de la vitesse, soient extrêmement grandes; les actions tangentielles, dues à la viscosité, seront aussi extrêmement grandes; elles produiront une rapide atténuation de la vitesse relative des parties voisines. Passons à la limite et supposons qu'à un instant t, les composantes u, v, w de la vitesse soient discontinues le long d'une certaine surface; à cet instant, les actions tangentielles seraient infinies le long de cette surface; elles détruiraient immédiatement la vitesse relative des deux masses fluides qui confinent l'une à l'autre le long de cette surface; on ne peut donc trouver, au sein d'un fluide visqueux en mouvement, de surfaces le long desquelles les composantes de la vitesse soient discontinues. Raisonnant par analogie, il est naturel d'admettre que les actions, au contact d'un fluide et d'un solide qu'il baigne, sont semblables aux actions qu'exercent l'une sur l'autre deux masses fluides contiguës; que, par conséquent, la vitesse ne peut être discontinue le long d'une semblable surface. Par là, on est conduit à admettre que le fluide adhère au solide le long de leur commune frontière.

Le raisonnement de Stokes est une sorte d'esquisse des considérations que nous avons développées précédemment (IIe Partie, Chap. I); mais la comparaison de ce que nous avons écrit avec ce raisonnement trop sommaire montre que ce dernier n'est pas entièrement exact. Il est bien vrai qu'une surface au passage de

---

(¹) HAGEN, *Ueber die Bewegung des Wassers in engen cylindrischen Röhren* (*Poggendorff's Annalen*, Bd. XLVI, 1839, p. 423).

(²) P. G. STOKES, *On the theories of the internal friction of fluids in motion, and of the equilibrium and motion of elastic solids*, lu le 14 avril 1845 à la *Philosophical Society* de Cambridge (*Transactions of the Cambridge Philosophical Society*, Vol. VIII, p. 287. — *Mathematical and physical Papers*, Vol. I, p. 75).

laquelle les composantes u, v, w de la vitesse varieraient d'une manière discontinue ne peut persister pendant un temps fini au sein d'un fluide visqueux; mais il n'est pas exact que les actions de viscosité donnent, au long d'une telle surface, des résultantes infinies, et le raisonnement de Stokes, suivi rigoureusement, aurait pour conséquence de justifier l'opinon de Navier, bien loin de la réfuter.

D'ailleurs, en dépit de ces considérations, qui lui semblent démontrer l'adhérence du fluide au solide et la continuité du mouvement au sein du fluide, Stokes hésite à adopter cette opinion; car, en la suivant, il a étudié l'écoulement d'un liquide dans un tuyau et il a trouvé une formule qui ne s'accorde pas avec les expériences de l'abbé Bossut et de Du Buat.

Il tente alors de revenir à l'opinion de Navier (qu'il désigne sous le nom d'*opinion de Poisson*); mais, dans cette voie, il rencontre de nouvelles difficultés; selon les expériences de Du Buat, une couche liquide reste adhérente aux parois du tuyau au sein duquel coule un fluide; il n'est possible de mettre cette observation d'accord avec les formules de Navier qu'en supposant *infini* le coefficient E, et l'on est ainsi ramené à la précédente opinion.

Cette hésitation entre les diverses suppositions émises par Coulomb, par Girard, par Navier, par Poisson, se retrouve dans le *Rapport* (1) écrit par Stokes, en 1846.

Peut-être les conditions vérifiées au contact d'un solide et d'un liquide changent-elles, selon que le liquide *mouille* le solide, comme l'eau mouille le verre, ou que le liquide *ne mouille pas* le solide, comme il arrive dans le cas du mercure et du verre.

Les idées de Stokes touchant le problème qui nous occupe se fixent, en 1850, dans son célèbre travail : *De l'effet du frottement intérieur des fluides sur le mouvement des pendules* (2). Il a adopté définitivement l'hypothèse de Coulomb. Les raisons qui déterminent son choix sont, sous une forme plus explicite, celles qu'il avait déjà indiquées en 1845; voici en quels termes il les présente (*Collection de Mémoires*, t. V, p. 292) :

» Pour que le fluide, immédiatement en contact avec un solide, pût couler sur lui avec une vitesse finie, il faudrait que le solide exerçât sur le fluide un frotte-

---

(1) P. G. Stokes, *Report on recent researches on Hydrodynamics* (*Report of the British Association for* 1846, Part. I, p. 1. — *Mathematical and physical Papers*, Vol. I, p. 157).

(2) P. G. Stokes, *On the effect of the internal friction of fluids on the motion of pendulums*, lu à la *Philosophical Society* de Cambridge, le 9 décembre 1850 (*Transactions of the Cambridge Philosophical Society*, Vol. IX, Part. II, p. 8. — *Philosophical Magazine*, Vol. I, 1851, p. 337. — *Collection de Mémoires relatifs à la Physique, publiés par la Société française de Physique*, t. V, 1891, p. 277. — *Mathematical and physical Papers* Vol. III, p. 1).

ment infiniment plus faible que celui que le fluide exerce sur lui-même. Car, concevons la couche élémentaire de fluide comprise entre la surface du solide et une surface parallèle à la surface h, et ne considérons que la portion de cette couche qui correspond à une portion élémentaire dS de la surface du solide. Il doit y avoir équilibre entre les forces qui agissent sur l'élément fluide et les forces effectives, prises en sens contraire [1]. Concevons maintenant que h s'évanouisse par rapport aux dimensions linéaires de dS, et que, finalement, dS s'évanouisse également. Il est évident que les conditions d'équilibre se réduisent finalement à celle-ci, que la pression oblique que l'élément fluide éprouve du côté du solide doit être égale et opposée à la pression qu'il éprouve du côté du fluide. Or, si le fluide pouvait couler le long du solide avec une vitesse finie, il s'ensuivrait que la pression tangentielle, mise en jeu par le glissement continu du fluide sur lui-même, ne serait pas même contrebalancée par le glissement rude et inégal du fluide sur le solide. Comme cela parait *a priori* excessivement improbable, il semble raisonnable d'examiner en premier lieu les conséquences de la supposition qu'il n'y a pas de pareil glissement du fluide sur le solide, d'autant mieux que les difficultés mathématiques du problème seront ainsi matériellement diminuées. Je prendrai donc, comme condition devant être satisfaite aux limites du fluide, que la vitesse d'une particule fluide doit être égale, en grandeur et en direction, à celle de la particule solide avec laquelle elle est en contact. Les résultats déduits de cette hypothèse montrent, en réalité, l'accord le plus satisfaisant avec l'observation. »

En admettant qu'un liquide adhère aux parois des tuyaux dans lesquels il coule et en étudiant le régime permanent qui s'établit dans ces tuyaux, Stokes avait obtenu des résultats qui ne s'accordaient pas avec les observations de Bossut et de Du Buat; ce désaccord l'avait fait hésiter sur la légitimité de son hypothèse.

Cette hésitation lui eût été évitée, s'il eût connu les expériences poursuivies à la même époque par Poiseuille; le résultat du calcul eût été pleinement conforme aux données de l'observation.

L'étude de l'écoulement des liquides dans les tubes de très petit diamètre apparaît comme particulièrement propre à contrôler les hypothèses qui pourraient être faites, touchant la résistance que les parois opposent à cet écoulement. D'autre part, cette étude intéresse à un haut degré le physiologiste qui veut analyser les phénomènes de la circulation capillaire. Ce fut surtout cette seconde raison qui porta Poiseuille [2] à reprendre cette étude au point de vue expérimental et à soumettre à l'observation des tubes beaucoup plus étroits que les tubes

(1) Par cette dernière expression, Stokes entend les *forces d'inertie*.

(2) POISEUILLE, *Recherches expérimentales sur le mouvement des liquides dans les tubes de petit diamètre* (*Mémoires des savants étrangers*, t. IX, 1846, p. 433).

employés par Girard. Les expériences furent couronnées d'un plein succès; elles lui révélèrent des lois qui sont aujourd'hui classiques; ces lois, d'ailleurs, ne s'accordaient pas avec les formules que Girard et Navier avaient tirées de leurs déductions théoriques (*loc. cit.*, p. 435 et p. 521).

Poiseuille ne tente ni de donner une explication théorique des lois qu'il avait découvertes, ni de préciser l'action de la paroi sur le liquide en mouvement; à cet égard, il se contente de penser (*loc. cit.*, p. 521), d'après les observations des micrographes sur la circulation capillaire, que « la vitesse est maximum dans le milieu du vaisseau; elle diminue au fur et à mesure qu'on s'approche des parois; ainsi, la vitesse, tout près des parois, est d'une lenteur extrême ».

Ce passage permet de rapprocher l'opinion de Poiseuille de celle de Coulomb; en fait, les partisans de cette opinion allaient trouver dans les lois de Poiseuille le plus fort argument en faveur de leur thèse.

En 1860, Hagenbach (1) eut l'idée de reprendre l'analyse appliquée par Navier à l'écoulement de l'eau dans les tubes de petit diamètre, mais en modifiant la condition aux limites employée par le physicien français; au lieu de supposer que l'eau glissait le long des parois du tuyau en éprouvant une résistance proportionnelle à sa vitesse de glissement, il admit que la vitesse à la paroi était nulle. Pour justifier cette hypothèse, il invoqua un raisonnement analogue à celui que M. Stokes avait plusieurs fois développé : « Il est facile de voir, dit-il (*loc. cit.*, p. 394), que la vitesse est nulle à la paroi du tuyau. Cette supposition découle déjà, d'une manière assez sûre, de cette circonstance que le liquide coule de la même manière dans des tubes étroits faits de substances différentes, pourvu seulement que la paroi soit lisse et mouillée par le liquide. Elle résulte aussi de l'observation des canaux et des rivières où l'on aperçoit une couche immobile le long des rives. Mais on peut également démontrer cette proposition, pourvu que l'on admette que le frottement entre une couche de verre ou de métal et une couche fluide engendre une force du même ordre de grandeur que le frottement entre deux couches liquides. Supposons, en effet, que la couche voisine de la paroi coule avec une vitesse finie; elle serait retenue par une force de frottement qui serait proportionnelle à une vitesse finie et entraînée par une autre force de frottement qui serait proportionnelle à une différence infiniment petite de vitesses; mais, en toutes les autres couches liquides, il est fait équilibre à la pression par la différence de deux forces qui sont, l'une et l'autre, proportionnelles à une différence infiniment petite de vitesses; il est donc clair que la vitesse doit être infiniment petite dans la couche contiguë à la paroi. »

(1) HAGENBACH, *Uber die Bestimmung der Zähigkeit einer Flüssigkeit durch den Aussfluss aus Röhren* (*Poggendorff's Annalen der Physik und Chemie*, Bd. CIX, 1860, p. 385).

Grâce à ce changement apporté aux conditions aux limites, l'analyse de Navier fournit sans peine à Hagenbach les lois mêmes que Poiseuille avait tirées de l'expérience.

Peu de temps après, et sans connaître le travail de Hagenbach, Émile Mathieu (1) reprit, avec le même succès, une analyse semblable. « Quand un liquide coule dans un tube capillaire, dit-il, il existe une couche de liquide adhérente au tube...; cette adhérence tient à la force de cohésion du liquide et du verre, ou plutôt au frottement qui est proportionnel à cette force. Ainsi, la condition à la surface est que la vitesse du liquide soit nulle sur la paroi. »

Plus tard, par des méthodes analogues, le même sujet fut repris par M. Boussinesq (2); en modifiant la condition aux limites admise par Navier, M. Boussinesq justifiait cette modification par des raisons semblables à celles qu'avaient invoquées Stokes et Hagenbach.

Bien que très général, le consentement à l'opinion de Coulomb ne fut cependant pas universel; certains hydrauliciens, et non des moindres, tinrent pour les hypothèses de Girard et de Navier; parmi ceux-ci, il convient de citer Darcy (3).

Darcy n'ignore pas les considérations par lesquelles, depuis Prony, on tente de prouver qu'un fluide ne peut couler le long d'une paroi solide avec une vitesse finie; il sait qu'en supposant du même ordre de grandeur les actions mutuelles des diverses parties du fluide et les actions du solide sur le fluide, on prétend démontrer qu'un tel glissement engendrerait un frottement infini; mais il se range à l'opinion que Dupuit avait émise dans ses *Études sur le mouvement des eaux courantes*, et, sans discuter la rigueur du raisonnement, il révoque en doute l'hypothèse même qui lui sert de fondement. « On voit par ce qui précède, dit-il (*loc. cit.*, p. 309), qu'il suffit d'une vitesse relative infiniment petite pour faire naître, dans les couches fluides en contact, une résistance comparable à celle qui pourrait être engendrée par une vitesse finie du liquide glissant sur une paroi solide. M. Dupuit a donc pu prétendre que de Prony ne paraît pas avoir exprimé une idée précise lorqu'il a dit : « Cette cohésion des molécules fluides entre elles, et celle des mêmes molécules à la matière dont le tuyau est formé ou dans laquelle le tuyau est creusé, doivent être, en général, représentées par des valeurs différentes, mais comparables ou du même ordre les unes par rapport aux autres. »

« L'adhérence à la paroi, en effet, peut être expérimentée sous une vitesse finie

---

(1) ÉMILE MATHIEU, *Sur le mouvement des liquides dans les tubes de très petit diamètre* (*Comptes rendus*, t. LVII, 1863, p. 320. — *Cours de Physique mathématique*, p. 66. Paris, 1873).

(2) BOUSSINESQ, *Théorie des expériences de M. Poiseuille sur l'écoulement des liquides dans les tubes capillaires* (*Comptes rendus*, t. LXV, 1867, p. 46).

(3) DARCY, *Recherches expérimentales sur le mouvement de l'eau dans les tuyaux* (*Mémoires des Savants étrangers*, t. XV, 1858, p. 141).

quelconque, tandis que ce qu'on appelle la *cohésion* ne peut l'être que sous l'influence d'une vitesse relative infiniment petite; car, de quelque manière qu'on fasse l'expérience, ajoute justement M. Dupuit, *la cohésion du liquide sera toujours assez forte pour que la vitesse relative des deux surfaces soit sensiblement nulle* ».

« Ces deux forces de l'adhérence et de la cohésion sont, on le voit, d'un ordre différent et sans mesure commune. »

De ce passage une conclusion semble se dégager nettement : Le liquide peut, comme le voulait Navier, glisser avec une vitesse finie à la surface d'une paroi solide; mais il ne peut se produire, entre deux masses fluides, une de ces surfaces de discontinuité dont Girard admettait l'existence.

Cette conclusion n'est pas, cependant, celle qu'adopte Darcy. S'il admet que, dans certains cas exceptionnels, le liquide glisse à la surface même du solide, il pense que, le plus souvent, l'écoulement a lieu selon le mode que Girard a imaginé. Voici, en effet, quelques-unes des propositions par lesquelles Darcy résume ses recherches (*loc. cit.*, p. 347) :

» Il résulte des expériences faites :

» 1° Que, même dans un tuyau *verticalement placé* et à raison de l'attraction de ses parois, une couche liquide leur reste adhérente.

» 2° Que l'épaisseur de cette couche est beaucoup trop faible pour faire disparaître les aspérités de la paroi; que, d'ailleurs, elle doit présenter une épaisseur sensiblement constante et, par conséquent, offrir à sa surface les mêmes reliefs que la paroi elle-même.

» Sans doute, dans un courant, il ne peut y avoir entre les vitesses de deux filets contigus qu'une différence insensible; mais il ne saurait en être ainsi lorsqu'il s'agit de la couche adhérente; elle est, pour ainsi dire, passée à l'état d'*émail*, d'enduit aqueux de la paroi. »

Cette couche tend à retarder le mouvement du liquide qu'elle enserre :

» Si donc, d'une part, l'attraction des parois doit être considérée comme une des causes retardatrices du mouvement, on doit reconnaître, d'autre part, que cette cause agit vraisemblablement en grande partie par l'intermédiaire de la cohésion du fluide que la surface extérieure du cylindre mobile doit surmonter.

» Ainsi le mode d'agir de l'attraction des parois semblerait pouvoir se résumer ainsi :

» Force nécessaire pour vaincre l'attraction des parois, dans les parties où le liquide viendrait à s'en détacher, et force nécessaire pour surmonter la cohésion quand le cylindre liquide passe sur l'enduit aqueux.

» Enfin, les aspérités de la surface qui viennent modifier brusquement le mouvement et la direction des filets fluides forment, évidemment, une autre cause retardatrice. »

Une inconséquence assez étrange semble donc faire le fond des considérations développées par Darcy touchant l'action des parois sur une masse fluide en mouvement.

C'est aux hypothèses de Navier que revient M. Oskar Emil Meyer (1).

Reprenant des expériences analogues à celles de Coulomb, M. Oskar Emil Meyer fait osciller un disque métallique au sein d'une masse d'eau que recouvre une couche d'huile; la face supérieure du disque est amenée tout près de la surface de séparation entre l'eau et l'huile.

Conformément à l'opinion de Coulomb, M. O.-E. Meyer admet (*Diss.*, p. 6; *Pogg. Ann.*, p. 61) que l'eau adhère au disque métallique : *Discum fluido circumfuso tanto modo humectari pono, ut stratum fluidi disco vicinum eadem gaudeat celeritate qua ipse discus.* Mais il suppose que les deux liquides glissent l'un sur l'autre le long de leur surface de contact; ce glissement engendrerait une résistance soumise à des lois semblables de tout point à celles que Navier imposait au frottement d'un liquide sur un solide. Il semble par là, que l'opinion de M. O.-E. Meyer s'accorderait aisément avec l'hypothèse de Girard et de Darcy; mais ce n'est là qu'une apparence dissipée par la lecture des écrits où, peu après, M. O.-E. Meyer développe plus explicitement sa pensée.

Dans son Mémoire inséré aux *Annales de Poggendorff*, tout en admettant en général l'adhérence du liquide au solide, M. O.-E. Meyer écrit (*Pogg. Ann.*, p. 68) quelques lignes où il déclare que les lois vérifiées au contact d'un solide et d'un liquide sont tout à fait analogues à celles qui sont vérifiées au contact de deux liquides; il les suppose donc, en ce passage, données par les formules de Navier. De plus, il écarte (*ibid.*, p. 69) l'objection présentée par Stokes contre ces formules; avec Dupuit et avec Darcy, il admet ce principe : Les lois de la viscosité interne d'un fluide sont d'une tout autre nature que les lois dont dépend la viscosité au contact de deux substances différentes.

Dans son travail publié au *Journal de Borchardt*, M. O.-E. Meyer s'exprime plus explicitement encore; il admet que les conditions vérifiées à la surface de contact de deux fluides sont données par les équations de Navier (*loc. cit.*, p. 238); qu'il en est de même des conditions vérifiées à la surface de contact d'un liquide et d'un solide (*ibid.*, p. 239); mais que, dans le cas où le solide est mouillé par le fluide, le coefficient E est infini, en sorte que la vitesse relative du solide et du fluide tombe à o.

---

(1) Ottocarius Æmilius Meyer, *De mutua duorum fluidorum frictione* : Dissertatio inauguralis; Regimonti Prussorum (Kœnigsberg), anno MDCCCLX. — Oskar Emil Meyer, *Ueber die Reibung der Flussigkeiten* (*Poggendorff's Annalen der Physik und Chemie*, Bd. CXIII, p. 55; 1861). — *Ueber die Reibung der Flussigkeiten;* theoretischer Theil (*Borchardt's Journal für reine und angewandte Mathematik*, Bd. LIX, p. 229; 1861).

A l'époque même où M. O.-E. Meyer soutenait la thèse dont nous venons de parler, paraissait un travail de grande importance sur la viscosité des fluides, travail dû à la collaboration de Helmholtz et de M. von Piotrowski (1). Par la discussion des expériences anciennes aussi bien que par l'analyse des observations de M. von Piotrowski, Helmholtz est conduit à admettre les conclusions suivantes (*Wiss. Abh.*, Bd. I, p. 174, pp. 214-222) :

Il est des cas où l'expérience s'accorde d'une manière satisfaisante avec l'hypothèse que le fluide adhère complètement au solide; tels sont les cas où l'eau se trouve au contact du verre, où l'éther, l'alcool se trouvent au contact du verre, d'une surface métallique polie. Il est, au contraire, des cas où le liquide glisse à la surface du solide, en se conformant aux lois que Navier a admises; cette circonstance se présente, notamment, au contact de l'eau et d'une surface métallique polie. On peut donc écrire, en toutes circonstances, les conditions aux limites indiquées par Navier (*Wiss. Abh.*, Bd. I, p. 204), mais, dans certaines circonstances, on doit supposer que le coefficient de viscocité *mutuelle* du solide et du fluide est infini (*Wiss. Abh.*, Bd. I, p. 214) ou, du moins, extrêmement grand (*Ibid.*, p. 221).

Cette opinion, commune à Helmholtz et à M. O.-E. Meyer, est celle que Franz-Emil Neumann professait dans ses leçons. Ses leçons sur ce sujet n'ont été publiées que dans ces dernières années (2); mais par des citations de M. O.-E. Meyer (3) et de M. von Piotrowski (4), nous voyons qu'elles étaient fort connues des physiciens allemands et particulièrement de Helmholtz.

Maxwell (5), qui se réfère d'ailleurs aux recherches de Helmholtz et de M. G. von Piotrowski, semble partager leurs vues; sans doute, en étudiant les oscillations d'un disque métallique au sein de l'air ou d'autres gaz, il admet que le fluide adhère complètement au solide mobile; mais, s'il admet cette hypothèse, c'est simplement parce que les conditions de Navier, appliquées au glissement de l'air sur le disque, conduisent à regarder la vitesse de glissement comme très petite; dès lors, les expériences n'étant pas assez précises pour permettre d'assurer

(1) H. Helmholtz et G. von Piotrowski, *Ueber Reibung tropfbarer Flüssigkeiten* (*Sitzungsberichte der mathematisch-naturwissenschaftlichen Classe der Akademie der Wissenschaften zu Wien*, Bd. XL, p. 607, 12 avril 1860. — *Wissenschaftliche Abhandlungen von H. Helmholtz*, Bd. I, p. 172).

(2) F.-E. Neumann, *Einleitung in die theoretische Physik*, herausgegeben von C. Pape; Leipzig, 1883, pp. 252-253.

(3) O.-E. Meyer, *Dissertatio inauguralis*, p. 6.

(4) G. von Piotrowski, in *Wissensch. Abh. von Helmholtz*, Bd. I, p. 182.

(5) J. Clerk Maxwell, *On the viscosity or internal friction of air and other gases* (*The Bakerian Lecture*, 8 février 1866; *Philosophical Transactions*, Vol. CLVI. — *Scientific Papers*, Vol. II, p. 1).

qu'elle diffère de 0, il est aussi sûr et plus simple de la supposer rigoureusement égale à 0 (*Scientific papers*, vol. II, p. 9).

Comme Helmholtz et von Piotrowski, Stefan [1] admet qu'un liquide peut glisser sur une surface solide; il applique, en particulier, cette hypothèse au glissement du mercure sur le verre qui, selon lui, suit les lois tracées par Navier. D'ailleurs, dans ce cas, l'hypothèse semblait fort plausible; car les expériences de Poiseuille lui-même avaient prouvé que les lois de l'écoulement d'un liquide dans un tube capillaire, découvertes par ce physicien, ne s'appliquaient pas à l'écoulement du mercure dans le verre.

Mais, chose remarquable, cette exception n'était qu'apparente et due à des observations incorrectes; en 1870, M. Emil Warburg [2] reprit l'étude de l'écoulement du mercure dans des tubes de verre capillaires; contrairement à son attente, il trouva que cet écoulement suivait les célèbres lois de Poiseuille; il fallait nécessairement conclure de cette observation que le mercure adhérait au verre (*loc. cit.*, p. 370). Cette découverte expérimentale paraît à M. Warburg (*loc. cit.*, p. 379) s'accorder pleinement avec le raisonnement de Stokes, selon lequel le glissement d'un liquide sur un solide est impossible si l'on admet que le frottement du solide sur le fluide dépend de lois analogues à celles qui régissent le frottement mutuel de deux couches fluides.

Quelques années plus tard, l'observation de M. E. Warburg était confirmée successivement par M. E. Villari [3] et par M. Syn. Koch [4]; ces deux auteurs reconnurent que le mercure, coulant dans de très fins tubes de verre, suivait les lois de Poiseuille.

Les hypothèses formulées par Navier touchant le glissement des liquides sur les solides, un moment remises en honneur par les recherches de Helmholtz et de von Piotrowski, se trouvaient de nouveau rejetées en suspicion par ces observations qui ramenaient l'attention vers l'hypothèse de Coulomb.

Une tendance analogue se dégageait des importantes recherches expérimentales, historiques et critiques poursuivies par M. Couette [5]. En précisant par

---

(1) STEFAN, *Sitzungsberichte der mathematisch-naturwissenschaftliche Classe der Akademie der Wissenschaften zu Wien*, Bd. XLVI, 1862.

(2) EMIL WARBURG, *Ueber den Ausfluss des Quecksilbers aus gläsernen Capillarröhren* (*Poggendorff's Annalen*, Bd. CXL, 1870, p. 367).

(3) E. VILLARI (*Memorie dell' Accademia delle Scienze dell' Istituto di Bologna*, 3e série, t. VI, 1876, p. 1).

(4) SYN. KOCH, *Ueber die Abhängigkeit der Reibungsconstante des Quecksilbers von der Temperatur* (*Wiedemann's Annalen*, Bd. XIV, 1881, p. 1).

(5) M. COUETTE, *La viscosité des liquides* (*Bulletin des Sciences Physiques de la Faculté des Sciences de Paris*, 1re année, Paris, 1888-1889; pp. 49, 123, 201, 262). — *Études sur le frottement des liquides* (*Thèse de Paris*, 30 mai 1890, et *Annales de Chimie et de Physique*, 6e série, t. XXI, p. 433; 1890).

ses expériences les conditions dans lesquelles les lois de Poiseuille étaient applicables; en prouvant que, dans les limites de vitesse où elles s'appliqueraient, les lois d'oscillation d'un disque plongé dans le liquide s'accordaient avec l'hypothèse de Coulomb; enfin, en mettant en évidence les causes de doute que recélaient les calculs de Helmholtz, M. Couette a grandement contribué à établir la légitimité de ces deux propositions :

Lorsqu'un solide et un liquide sont en mouvement relatif, le liquide adhère au solide tout le long de leur commune surface.

Lorsqu'on s'éloigne de cette surface pour pénétrer au sein de la masse fluide, la vitesse du fluide varie d'une manière continue.

Toutefois, il s'en faut bien que ces propositions soient universellement admises dans les Traités récents d'Hydrodynamique. L'opinion générale paraît se rapprocher de celle qui a été admise par Helmholtz et M. G. von Piotrowski; la résistance opposée par un solide au mouvement d'un fluide obéirait aux lois posées par Navier; toutefois, dans un grand nombre de cas, le coefficient de viscosité E, introduit par Navier, serait si grand que les deux corps adhéreraient sensiblement l'un à l'autre; dans les applications mathématiques, d'ailleurs, on suppose presque toujours qu'il y a adhérence complète du fluide au solide, ce qui rend les calculs beaucoup plus aisés.

Tel est le parti adopté par G. Kirchhoff (1), par M. Lamb (2), par M. Basset (3), par M. W. Wien (4).

CONCLUSION DE LA QUATRIÈME PARTIE.

Visiblement, le doute et l'hésitation sont extrêmes parmi les physiciens qui ont cherché les conditions qu'un fluide vérifie au voisinage des surfaces limites; il est clair que l'absence de principes mécaniques suffisamment généraux laisse le champ libre aux conjectures les plus variées.

Les principes posés dans ces *Recherches* nous fournissent-ils quelque moyen de débrouiller ce chaos, de fixer quelque conclusion certaine ?

Tout d'abord, ils nous permettent de rejeter une des solutions proposées, la

---

(1) G. Kirchhoff, *Vorlesungen über mathematische Physik : Mechanik*, XXVIe Leçon; Leipzig, 1877.

(2) Lamb, *A Treatise on the mathematical theory of the motion of fluids*; p. 222; Cambridge, 1879.

(3) Basset, *A Treatise on Hydrodynamics*, vol. II, p. 247; Cambridge, 1888.

(4) W. Wien, *Lehrbuch der Hydrodynamik*, p. 18 et Chap. VII; Leipzig, 1900.

solution préconisée par Du Buat, par de Prony, par Girard, par Poisson, par Darcy. Il ne peut pas se faire qu'une couche fluide demeure adhérente au solide et que le reste du fluide glisse avec une vitesse finie sur cette couche. Les raisonnements exposés au Chapitre I de la IIe Partie de ces *Recherches* nous ont démontré qu'au sein d'un fluide visqueux, aucune surface ne peut être, pour les composantes de la vitesse, une surface de discontinuité (¹).

Les composantes de la vitesse varient donc d'une manière continue d'un point à l'autre du fluide; par là, le doute se trouve restreint et nous ne pouvons plus hésiter qu'entre l'hypothèse de Coulomb et l'hypothèse de Navier.

Comme nous l'avons fait remarquer, l'hypothèse de Navier est impliquée, comme cas particulier, dans notre théorie. Pour retrouver les formules de Navier, il nous suffit d'admettre que le coefficient du frottement de contact $\mathfrak{G}$ est identiquement nul et que le coefficient de la viscosité de contact f ne dépend pas de la vitesse relative r'.

L'hypothèse de Coulomb admet que, pour deux corps différents, dont l'un au moins est fluide, la vitesse relative est nulle le long de la surface de contact. Si les fluides sont dénués de viscosité intrinsèque, ce n'est point là une hypothèse nouvelle, mais une conséquence des principes posés par Navier.

Dans le cas, au contraire, où les fluides étudiés sont des fluides visqueux, l'hypothèse de Coulomb se présentait jusqu'ici comme une hypothèse première que rien ne reliait aux principes généraux de la Mécanique. Ce n'était pas, en effet, relier cette hypothèse aux principes de la Mécanique de remarquer, avec F.-E. Neumann, Helmholtz, M. O.-E. Meyer et tant d'autres, que les formules de Navier donnent cette hypothèse à titre de loi limite lorsqu'on y fait croître au delà de toute limite le coefficient f de la viscosité de contact; c'est proprement remarquer que lorsque la théorie de Navier perd tout sens, on est contraint d'adopter l'hypothèse de Coulomb; ou mieux, c'est faire la remarque suivante : Lorsque f prend de grandes valeurs sans que μ dépasse certaines limites, les composantes de la vitesse relative deviennent très petites, ce qui assure une adhérence approchée, mais non pas une adhérence rigoureuse des deux corps.

La théorie que nous avons exposée permet de prévoir des cas où un fluide adhérera forcément et rigoureusement aux corps solides qu'il baigne; l'hypothèse

(¹) Récemment, M. Hadamard ([a]) a montré que cette proposition devait être admise même pour les fluides parfaits. Des surfaces le long desquelles deux parties distinctes d'un même fluide glisseraient l'une sur l'autre pourraient persister, une *fois nées*; mais il est impossible qu'elles naissent à aucun instant.

([a]) J. HADAMARD, *Sur les glissements dans les fluides* (*Comptes rendus*, 2 février et 2 mars 1903, t. CXXXVI, p. 299 et 545).

de Coulomb est ainsi reliée aux principes généraux de l'Énergétique. Mais, en outre, elle montre qu'un même fluide et un même solide pourront, selon les circonstances du mouvement, adhérer l'un à l'autre ou glisser l'un sur l'autre; cette conclusion est conforme à l'opinion émise par certains hydrauliciens et notamment par Darcy dans un passage que nous avons cité.

CINQUIÈME PARTIE.

LE THÉORÈME DE LAGRANGE ET LES CONDITIONS AUX LIMITES.

CHAPITRE I.

LE THÉORÈME DE LAGRANGE ET LES LIQUIDES VISQUEUX.

§ 1. — Extension du théorème de Lagrange aux fluides incompressibles visqueux.

On sait que Lagrange a énoncé, pour les fluides non visqueux, le théorème suivant, auquel il est d'usage de donner son nom :

Si, pour une masse matérielle élémentaire du fluide, les trois quantités

$$(1)\qquad \left\{\begin{aligned} \omega_x &= \frac{\partial w}{\partial y} - \frac{\partial v}{\partial z},\\ \omega_y &= \frac{\partial u}{\partial z} - \frac{\partial w}{\partial x},\\ \omega_z &= \frac{\partial v}{\partial x} - \frac{\partial u}{\partial y} \end{aligned}\right.$$

sont égales à o à un instant quelconque du mouvement, elles restent égales à o pendant toute la durée du mouvement.

Tout le monde connaît la belle démonstration que Cauchy a donnée de ce théorème, en prenant pour point de départ les équations hydrodynamiques de Lagrange, et la démonstration non moins élégante qu'en a donnée W. Thomson, au moyen des équations hydrodynamiques d'Euler.

Le théorème de Lagrange s'étend-il aux fluides visqueux? On a longtemps admis qu'il n'en était rien.

En 1869, de Saint-Venant (¹) montra le premier que ce théorème pouvait s'étendre aux fluides visqueux; sa démonstration, qu'on pourrait peut-être souhaiter plus rigoureuse, s'étendait à tous les fluides; mais elle supposait que les rapports $\frac{\lambda(\rho, T)}{\rho}$, $\frac{\mu(\rho, T)}{\rho}$ étaient des constantes, ce qui n'est probablement vrai que dans les mouvements isothermiques des fluides incompressibles. En 1880, Bresse (²), sans connaître le travail de Saint-Venant, dont il reconnut bientôt la priorité (³), reprit une démonstration analogue. En 1893, M. H. Poincaré (⁴) donna, dans le même sens, de brèves indications. Enfin, en 1901, M. Hadamard publia (⁵) l'énoncé de ce théorème, dont il avait donné la démonstration dans son Cours du Collège de France.

Les démonstrations données par de Saint-Venant et par Bresse laissent peut-être quelque peu à désirer au point de vue de la rigueur.

Les brèves indications de M. Poincaré ne constituent pas une démonstration et M. Hadamard n'a pas publié jusqu'ici la démonstration qu'il a obtenue; nous allons donc faire connaître celle que nous avons donnée dans notre Cours, à la Faculté des Sciences de Bordeaux, pendant l'année scolaire 1900-1901.

Formons $\frac{\partial \omega_x}{\partial t}$.

Selon la première égalité (1), nous aurons

$$\frac{\partial \omega_x}{\partial t} = \frac{\partial}{\partial t}\left(\frac{\partial w}{\partial y} - \frac{\partial v}{\partial z}\right) = \frac{\partial}{\partial y}\frac{\partial w}{\partial t} - \frac{\partial}{\partial z}\frac{\partial v}{\partial t}.$$

Mais

$$\frac{dv}{dt} = \frac{\partial v}{\partial t} + u\frac{\partial v}{\partial x} + v\frac{\partial v}{\partial y} + w\frac{\partial v}{\partial z},$$

$$\frac{dw}{dt} = \frac{\partial w}{\partial t} + u\frac{\partial w}{\partial x} + v\frac{\partial w}{\partial y} + w\frac{\partial w}{\partial z}.$$

On a donc

$$\frac{\partial \omega_x}{\partial t} = \frac{\partial}{\partial y}\frac{dw}{dt} - \frac{\partial}{\partial z}\frac{dv}{dt} - \frac{\partial}{\partial y}\left(u\frac{\partial w}{\partial x} + v\frac{\partial w}{\partial y} + w\frac{\partial w}{\partial z}\right)$$
$$+ \frac{\partial}{\partial z}\left(u\frac{\partial v}{\partial x} + v\frac{\partial v}{\partial y} + w\frac{\partial v}{\partial z}\right)$$

(¹) DE SAINT-VENANT, *Problème des mouvements que peuvent prendre les divers points d'une masse liquide, ou solide ductile, contenue dans un vase à parois verticales, pendant son écoulement par un orifice horizontal inférieur* (*Comptes rendus*, t. LXVIII, 1869, p. 221).

(²) BRESSE, *Fonction des vitesses, extension des théorèmes de Lagrange au cas d'un fluide imparfait* (*Comptes rendus*, t. XC, 1880, p. 501).

(³) BRESSE, *Réponse à une Note de M. Boussinesq* (*Comptes rendus*, t. XC, 1880, p. 857).

(⁴) H. POINCARÉ, *Théorie des tourbillons*, p. 193. Paris, 1893.

(⁵) J. HADAMARD, *Bulletin de la Société mathématique de France*, t. XXIX, 1901.

ou bien, en tenant compte des égalités (1) et en posant

$$\theta = \frac{\partial u}{\partial x} + \frac{\partial v}{\partial y} + \frac{\partial w}{\partial z},$$

$$(2)\qquad \frac{\partial \omega_x}{\partial t} = \frac{\partial}{\partial y}\frac{dw}{dt} - \frac{\partial}{\partial z}\frac{dv}{dt} - \omega_x\theta + \omega_x\frac{\partial u}{\partial x} + \omega_y\frac{\partial u}{\partial y} + \omega_z\frac{\partial u}{\partial z} - u\frac{\partial \omega_x}{\partial x} - v\frac{\partial \omega_x}{\partial y} - w\frac{\partial \omega_x}{\partial z}.$$

Les quantités $\frac{\partial \omega_y}{\partial t}$, $\frac{\partial \omega_z}{\partial t}$ sont susceptibles d'expressions analogues.

Ces expressions sont d'origine purement cinématique; elles sont donc entièrement générales.

Nous allons maintenant faire appel à des considérations dynamiques qui restreindront singulièrement la portée de nos raisonnements.

Nous supposerons que le cas étudié est un des cas, définis au Chapitre III de la première Partie, où il existe une fonction $\mathrm{A}(x, y, z, t)$. Les équations de l'hydrodynamique prendront alors la forme [1re Partie, égalités (157)]

$$(3)\qquad \begin{cases} \dfrac{\partial \mathrm{A}}{\partial x} + \dfrac{du}{dt} - \dfrac{q_x}{\rho} = 0, \\ \dfrac{\partial \mathrm{A}}{\partial y} + \dfrac{dv}{dt} - \dfrac{q_y}{\rho} = 0, \\ \dfrac{\partial \mathrm{A}}{\partial z} + \dfrac{dw}{dt} - \dfrac{q_z}{\rho} = 0. \end{cases}$$

Supposons tout d'abord que le fluide soit *non visqueux;* on aura

$$q_x = 0, \qquad q_y = 0, \qquad q_z = 0,$$

et les égalités (3) donneront

$$(4)\qquad \begin{cases} \dfrac{\partial}{\partial y}\dfrac{dw}{dt} - \dfrac{\partial}{\partial z}\dfrac{dv}{dt} = 0, \\ \dfrac{\partial}{\partial z}\dfrac{du}{dt} - \dfrac{\partial}{\partial x}\dfrac{dw}{dt} = 0, \\ \dfrac{\partial}{\partial x}\dfrac{dv}{dt} - \dfrac{\partial}{\partial y}\dfrac{du}{dt} = 0. \end{cases}$$

Supposons maintenant que le fluide soit *non visqueux* et *quelconque* ou bien qu'il soit *visqueux*, mais qu'il soit *incompressible* et que *sa température soit, à chaque instant, uniforme;* ρ et T étant, dans ce dernier cas, indépendants de x, y, z, nous aurons [1re Partie, égalités (58)]

$$(5)\quad \begin{cases} \dfrac{q_x}{\rho} = \dfrac{\lambda+\mu}{\rho}\dfrac{\partial\theta}{\partial x} + \dfrac{\mu}{\rho}\Delta u, \\ \dfrac{q_y}{\rho} = \dfrac{\lambda+\mu}{\rho}\dfrac{\partial\theta}{\partial y} + \dfrac{\mu}{\rho}\Delta v, \\ \dfrac{q_z}{\rho} = \dfrac{\lambda+\mu}{\rho}\dfrac{\partial\theta}{\partial z} + \dfrac{\mu}{\rho}\Delta w \end{cases}$$

et ces égalités peuvent encore s'écrire dans le premier cas, car alors les deux membres sont identiquement nuls.

Les égalités (3) et (5) donnent alors les égalités

$$(6)\quad \begin{cases} \dfrac{\partial}{\partial y}\dfrac{dw}{dt} - \dfrac{\partial}{\partial z}\dfrac{dv}{dt} = \dfrac{\mu}{\rho}\Delta\omega_x, \\ \dfrac{\partial}{\partial z}\dfrac{du}{dt} - \dfrac{\partial}{\partial x}\dfrac{dw}{dt} = \dfrac{\mu}{\rho}\Delta\omega_y, \\ \dfrac{\partial}{\partial x}\dfrac{dv}{dt} - \dfrac{\partial}{\partial y}\dfrac{du}{dt} = \dfrac{\mu}{\rho}\Delta\omega_z, \end{cases}$$

qui renferment les égalités (4) comme cas particuliers.

En vertu de ces égalités (6), les égalités (2) deviennent

$$(7)\quad \begin{cases} \dfrac{\partial\omega_x}{\partial t} = -\theta\omega_x + \dfrac{\partial u}{\partial x}\omega_x + \dfrac{\partial u}{\partial y}\omega_y + \dfrac{\partial u}{\partial z}\omega_z - u\dfrac{\partial\omega_x}{\partial x} - v\dfrac{\partial\omega_x}{\partial y} - w\dfrac{\partial\omega_x}{\partial z} + \dfrac{\mu}{\rho}\Delta\omega_x, \\ \dots\dots\dots\dots \end{cases}$$

Ces égalités (7) conduisent immédiatement au théorème suivant :

Si l'on a, à l'instant t_0, pour tout point intérieur à un volume fini E,

$$(8)\qquad \omega_x = 0, \qquad \omega_y = 0, \qquad \omega_z = 0,$$

on aura aussi à l'instant t_0, pour tout point intérieur à ce volume E,

$$(9)\qquad \frac{\partial\omega_x}{\partial t} = 0, \qquad \frac{\partial\omega_y}{\partial t} = 0, \qquad \frac{\partial\omega_z}{\partial t} = 0.$$

Il est clair, d'ailleurs, qu'en tout point du domaine E, les dérivées des divers ordres par rapport à x, y, z de $\frac{\partial\omega_x}{\partial t}$, $\frac{\partial\omega_y}{\partial t}$, $\frac{\partial\omega_z}{\partial t}$, sont égales à o.

Nous allons démontrer maintenant le théorème suivant :

Supposons qu'à l'instant t_0 et pour tous les points intérieurs au volume E, *les quantités*

$$\begin{array}{llll} \omega_x, & \dfrac{\partial\omega_x}{\partial t}, & \ldots, & \dfrac{\partial^n\omega_x}{\partial t^n}, \\ \omega_y, & \dfrac{\partial\omega_y}{\partial t}, & \ldots, & \dfrac{\partial^n\omega_y}{\partial t^n}, \\ \omega_z, & \dfrac{\partial\omega_z}{\partial t}, & \ldots, & \dfrac{\partial^n\omega_z}{\partial t^n}, \end{array}$$

soient toutes égales à o, *cas auquel il en est de même des dérivées de tous ordres de ces quantités par rapport à* x, y, z. *Nous aurons aussi à l'instant* t_0 *et en tout point intérieur au volume* E,

$$(10) \qquad \frac{\partial^{n+1}\omega_x}{\partial t^{n+1}} = 0, \qquad \frac{\partial^{n+1}\omega_y}{\partial t^{n+1}} = 0, \qquad \frac{\partial^{n+1}\omega_z}{\partial t^{n+1}} = 0.$$

Pour démontrer cette proposition, il suffit de différentier n fois par rapport à t les égalités (7); tandis que les premiers membres deviennent identiques aux premiers membres des égalités (10), les seconds membres deviennent des fonctions linéaires et homogènes des diverses dérivées que nous savons être nulles.

En réunissant les deux théorèmes que nous venons de démontrer, nous parvenons à la proposition suivante :

Si l'on a, à l'instant t_0, *pour tout point intérieur au volume fini* E,

$$(8) \qquad \omega_x = 0, \qquad \omega_y = 0, \qquad \omega_z = 0,$$

les dérivées partielles de tous les ordres, par rapport à x, y, z, t *de* ω_x, ω_y, ω_z *sont nulles à l'instant* t_0, *en tout point intérieur au volume* E.

La formule

$$\frac{d\omega_x}{dt} = \frac{\partial\omega_x}{\partial t} + u\frac{\partial\omega_x}{\partial x} + v\frac{\partial\omega_x}{\partial y} + w\frac{\partial\omega_x}{\partial z}$$

nous montre que $\dfrac{d\omega_x}{dt}$ s'exprime en fonction linéaire et homogène des dérivées partielles du premier ordre de ω_x.

Nous allons maintenant démontrer le théorème suivant :

Si $\dfrac{d^n\omega_x}{dt^n}$ *s'exprime en fonction linéaire et homogène des dérivées partielles des* n *premiers ordres de* ω_x, $\dfrac{d^{n+1}\omega_x}{dt^{n+1}}$ *s'exprime en fonction linéaire et homogène des dérivées partielles des* $(n+1)$ *premiers ordres de* ω_x.

On a, en effet,

$$\frac{d^{n+1}\omega_x}{dt^{n+1}} = \frac{\partial}{\partial t}\frac{d^n\omega_x}{dt^n} + u\frac{\partial}{\partial x}\frac{d^n\omega_x}{dt^n} + v\frac{\partial}{\partial y}\frac{d^n\omega_x}{dt^n} + w\frac{\partial}{\partial z}\frac{d^n\omega_x}{dt^n}.$$

Mais, par hypothèse,

$$\frac{d^n\omega_x}{dt^n} = \sum A_{pqrs}\frac{\partial^{p+q+r+s}\omega_x}{\partial x^p\,\partial y^q\,\partial z^r\,\partial t^s} \qquad (p+q+r+s \leqq n).$$

On a donc

$$\frac{\partial}{\partial x}\frac{d^n\omega_x}{dt^n} = \sum\left(A_{pqrs}\frac{\partial^{p+q+r+s+1}\omega_x}{\partial x^{p+1}\,\partial y^q\,\partial z^r\,\partial t^s} + \frac{\partial A_{pqrs}}{\partial x}\frac{\partial^{p+q+r+s}\omega_x}{\partial x^p\,\partial y^q\,\partial z^r\,\partial t^s}\right),$$

$$\frac{\partial}{\partial y}\frac{d^n\omega_x}{dt^n} = \sum\left(A_{pqrs}\frac{\partial^{p+q+r+s+1}\omega_x}{\partial x^p\,\partial y^{q+1}\,\partial z^r\,\partial t^s} + \frac{\partial A_{pqrs}}{\partial y}\frac{\partial^{p+q+r+s}\omega_x}{\partial x^p\,\partial y^q\,\partial z^r\,\partial t^s}\right),$$

$$\frac{\partial}{\partial z}\frac{d^n\omega_x}{dt^n} = \sum\left(A_{pqrs}\frac{\partial^{p+q+r+s+1}\omega_x}{\partial x^p\,\partial y^q\,\partial z^{r+1}\,\partial t^s} + \frac{\partial A_{pqrs}}{\partial z}\frac{\partial^{p+q+r+s}\omega_x}{\partial x^p\,\partial y^q\,\partial z^r\,\partial t^s}\right),$$

$$\frac{\partial}{\partial t}\frac{d^n\omega_x}{dt^n} = \sum\left(A_{pqrs}\frac{\partial^{p+q+r+s+1}\omega_x}{\partial x^p\,\partial y^q\,\partial z^r\,\partial t^{s+1}} + \frac{\partial A_{pqrs}}{\partial t}\frac{\partial^{p+q+r+s}\omega_x}{\partial x^p\,\partial y^q\,\partial z^r\,\partial t^s}\right).$$

Le théorème énoncé est alors évident.

On en tire de suite la proposition que voici :

Les quantités $\frac{d^n\omega_x}{dt^n}$, $\frac{d^n\omega_y}{dt^n}$, $\frac{d^n\omega_z}{dt^n}$ *s'expriment, quel que soit* n, *en fonctions linéaires et homogènes des dérivées partielles jusqu'à l'ordre* n *de* ω_x, ω_y, ω_z.

Cette proposition, rapprochée de celle que nous avons précédemment démontrée, entraîne cette autre :

Si l'on a à l'instant t_0, *pour tous les points intérieurs à un certain espace* E,

$$(8) \qquad \omega_x = 0, \qquad \omega_y = 0, \qquad \omega_z = 0,$$

on a aussi au même instant, pour les mêmes points et quel que soit n,

$$(11) \qquad \frac{d^n\omega_x}{dt^n} = 0, \qquad \frac{d^n\omega_y}{dt^n} = 0, \qquad \frac{d^n\omega_z}{dt^n} = 0.$$

Passons maintenant des notations d'Euler aux notations de Lagrange. Soient a, b, c, à l'instant initial t_0, les coordonnées d'un point matériel appartenant au fluide; ses coordonnées x, y, z, à l'instant t, seront des fonctions de a, b, c, t :

$$x = x(a, b, c, t),$$
$$y = y(a, b, c, t),$$
$$z = z(a, b, c, t).$$

Considérons les points matériels qui, à l'instant t_0, se trouvent à l'intérieur du volume E; supposons que pour ces points matériels, entre les instants t_0, t_1, les fonctions $x(a, b, c, t)$, $y(a, b, c, t)$, $z(a, b, c, t)$ soient des fonctions analytiques de a, b, c, t.

Les égalités

$$u = \frac{\partial x(a, b, c, t)}{\partial t}, \qquad v = \frac{\partial y(a, b, c, t)}{\partial t}, \qquad w = \frac{\partial z(a, b, c, t)}{\partial t}$$

montrent qu'il en est de même de $u(a, b, c, t)$, $v(a, b, c, t)$, $w(a, b, c, t)$.

On a, d'ailleurs,

$$\begin{aligned}\omega_x = \frac{\partial w}{\partial y} - \frac{\partial v}{\partial z} = & \frac{\partial w}{\partial a}\frac{\partial a}{\partial y} + \frac{\partial w}{\partial b}\frac{\partial b}{\partial y} + \frac{\partial w}{\partial c}\frac{\partial c}{\partial y} \\ & - \frac{\partial v}{\partial a}\frac{\partial a}{\partial z} - \frac{\partial v}{\partial b}\frac{\partial b}{\partial z} - \frac{\partial v}{\partial c}\frac{\partial c}{\partial z}\end{aligned}$$

ou bien, selon les égalités (239) de la deuxième Partie de ces *Recherches*,

$$\begin{aligned}\omega_x = \frac{1}{\Theta}\Big[& \frac{D(z, x)}{D(b, c)}\frac{\partial w}{\partial a} + \frac{D(z, x)}{D(c, a)}\frac{\partial w}{\partial b} + \frac{D(z, x)}{D(a, b)}\frac{\partial w}{\partial c} \\ & - \frac{D(x, y)}{D(b, c)}\frac{\partial v}{\partial a} - \frac{D(x, y)}{D(c, a)}\frac{\partial v}{\partial b} - \frac{D(x, y)}{D(a, b)}\frac{\partial v}{\partial c}\Big].\end{aligned}$$

De cette égalité et de deux égalités analogues relatives à ω_y, ω_z, il résulte que, pour les points considérés et pendant le temps considéré, ω_x, ω_y, ω_z sont des fonctions analytiques de a, b, c, t.

Cela posé, supposons que, pour chacun des points considérés et à l'instant t_0, nous ayons

$$(8) \qquad \omega_x = 0, \qquad \omega_y = 0, \qquad \omega_z = 0.$$

D'après ce que nous avons vu, nous aurons pour les mêmes points, au même instant et quel que soit n,

$$(11) \qquad \left\{\begin{aligned} & \frac{\partial^n}{\partial t^n}\omega_x(a, b, c, t) = 0, \\ & \frac{\partial^n}{\partial t^n}\omega_y(a, b, c, t) = 0, \\ & \frac{\partial^n}{\partial t^n}\omega_z(a, b, c, t) = 0, \end{aligned}\right.$$

en sorte que, pour ces mêmes points matériels, les égalités (8) demeureront constamment vérifiées entre les instants t_0 et t_1. D'où la proposition suivante :

Si, à un instant donné t_0, les trois rotations sont nulles pour tous les points matériels qui remplissent un certain volume fini, elles demeureront nulles pour ces mêmes points tant que les coordonnées de chacun d'eux s'exprimeront en fonctions analytiques des variables de Lagrange.

Peut-il arriver que, pour un point matériel M, pris parmi ceux que nous venons d'étudier, les quantités ω_x, ω_y, ω_z cessent d'être toutes trois égales à o à partir d'un certain instant t_1, postérieur à t_0? Il faudra pour cela qu'au moment où l'on traverse l'instant t_1, les coordonnées $x(a, b, c, t)$, $y(a, b, c, t)$, $z(a, b, c, t)$ du point M cessent de varier analytiquement avec t; il faudra donc qu'à l'instant t le mouvement de tous les points d'une masse d'étendue finie, dont fait partie le point M, cesse d'être analytique, ou bien que le point M se trouve sur une surface singulière, ou sur une ligne singulière, ou en un point singulier.

Examinons d'abord le cas où, à l'instant t, le point M se trouverait sur une surface singulière.

D'après ce que nous avons vu en la seconde Partie de ces *Recherches*, il existe deux sortes de surfaces singulières. Les surfaces de la première sorte passent sans cesse par les mêmes points matériels : elles peuvent se rencontrer en tous les fluides, sauf au sein des fluides visqueux, incompressibles et bons conducteurs de la chaleur. Les surfaces de la deuxième sorte *se propagent;* elles ne peuvent se rencontrer qu'au sein des fluides compressibles parfaits; ce sont ou bien des ondes de choc ou bien des ondes longitudinales.

Pour que le point M pût se trouver à l'instant t_1 sur une onde de la première sorte, il faudrait qu'il s'y trouvât à l'instant t_0, ce que nous ne supposerons pas; il nous reste donc à supposer que le fluide est compressible et parfait et à examiner ce qui arrive si une surface singulière, en se propageant, rencontre à l'instant t_1 le point M; *nous supposerons, d'ailleurs, qu'aucune onde de choc ne parcoure le milieu*, en sorte que la surface singulière considérée sera une onde au moins du premier ordre par rapport à u, v, w, et longitudinale.

Reprenons les notations employées aux Chapitres III et IV de la première Partie.

Lorsque le temps t s'approche de t_1 par valeurs inférieures à t_1, u, v, w tendent vers des limites u_1, v_1, w_1; ω_x, ω_y, ω_z tendent vers des limites

$$\omega_{x1} = \frac{\partial w_1}{\partial y} - \frac{\partial v_1}{\partial z}, \qquad \omega_{y1} = \frac{\partial u_1}{\partial z} - \frac{\partial w_1}{\partial x}, \qquad \omega_{z1} = \frac{\partial v_1}{\partial x} - \frac{\partial u_1}{\partial y}.$$

Lorsque le temps t s'approche de t_1 par valeurs supérieures à t_1, u, v, w tendent vers des limites u_2, v_2, w_2; ω_x, ω_y, ω_z tendent vers des limites

$$\omega_{x2} = \frac{\partial w_2}{\partial y} - \frac{\partial v_2}{\partial z}, \qquad \omega_{y2} = \frac{\partial u_2}{\partial z} - \frac{\partial w_2}{\partial x}, \qquad \omega_{z2} = \frac{\partial v_2}{\partial x} - \frac{\partial u_2}{\partial y}.$$

Mais l'onde étant au moins du premier ordre par rapport à u, v, w, il existe un vecteur (l_0, m_0, n_0) tel que l'on ait [Ire Partie, égalités (211)]

$$\frac{\partial(w_2 - w_1)}{\partial y} = \beta n_0, \qquad \frac{\partial(v_2 - v_1)}{\partial z} = \gamma m_0,$$
$$\frac{\partial(u_2 - u_1)}{\partial z} = \gamma l_0, \qquad \frac{\partial(w_2 - w_1)}{\partial x} = \alpha n_0,$$
$$\frac{\partial(v_2 - v_1)}{\partial x} = \alpha m_0, \qquad \frac{\partial(u_2 - u_1)}{\partial y} = \beta l_0$$

et, par conséquent,

$$\omega_{x2} - \omega_{x1} = \beta n_0 - \gamma m_0,$$
$$\omega_{y2} - \omega_{y1} = \gamma l_0 - \alpha n_0,$$
$$\omega_{z2} - \omega_{z1} = \alpha m_0 - \beta l_0.$$

Mais l'onde étant longitudinale, on a [*loc. cit.*, égalités (223)]

$$\frac{l_0}{\alpha} = \frac{m_0}{\beta} = \frac{n_0}{\gamma}.$$

On a donc

(12) $$\omega_{x2} = \omega_{x1}, \qquad \omega_{y2} = \omega_{y1}, \qquad \omega_{z2} = \omega_{z1}.$$

Comme on a, par hypothèse,

$$\omega_{x1} = 0, \qquad \omega_{y1} = 0, \qquad \omega_{z1} = 0,$$

on aura aussi

(13) $$\omega_{x2} = 0, \qquad \omega_{y2} = 0, \qquad \omega_{z2} = 0.$$

Selon les égalités (12), l'onde considérée est onde au moins du premier ordre pour ω_x, ω_y, ω_z; il existe donc trois quantités Ω_x, Ω_y, Ω_z telles que l'on ait

(14) $$\left\{ \begin{array}{l} \dfrac{\partial(\omega_{x2} - \omega_{x1})}{\partial x} = \alpha\Omega_x, \qquad \dfrac{\partial(\omega_{x2} - \omega_{x1})}{\partial y} = \beta\Omega_x, \qquad \dfrac{\partial(\omega_{x2} - \omega_{x1})}{\partial z} = \gamma\Omega_x, \\ \qquad\qquad \dfrac{\partial(\omega_{x2} - \omega_{x1})}{\partial t} + \mathfrak{N}\Omega_x = 0, \end{array} \right.$$

et deux autres groupes analogues.

D'autre part, comme le fluide considéré est un fluide parfait, l'égalité (7), vérifiée en tout point du fluide, devient simplement

$$(15)\quad \frac{\partial \omega_x}{\partial t} + u\frac{\partial \omega_x}{\partial x} + v\frac{\partial \omega_x}{\partial y} + w\frac{\partial \omega_x}{\partial z} = -\left(\frac{\partial v}{\partial y} + \frac{\partial w}{\partial z}\right)\omega_x + \frac{\partial u}{\partial y}\omega_y + \frac{\partial u}{\partial z}\omega_z.$$

Les égalités (14) et (15) montrent sans peine que l'on a, en tout point de l'onde,

$$(\alpha u + \beta v + \gamma w - \mathfrak{N})\Omega_x = -\left[\frac{\partial(v_2 - v_1)}{\partial y} + \frac{\partial(w_2 - w_1)}{\partial z}\right]\omega_x + \frac{\partial(u_2 - u_1)}{\partial y}\omega_y + \frac{\partial(u_2 - u_1)}{\partial z}\omega_z.$$

Jointe aux égalités (13), cette égalité donne

$$(\alpha u + \beta v + \gamma w - \mathfrak{N})\Omega_x = 0.$$

Or, l'onde considérée se propage, en sorte que $(\alpha u + \beta v + \gamma w - \mathfrak{N})$ est assurément différent de o; on a donc

$$\Omega_x = 0$$

ou bien, en vertu des égalités (14),

$$(16)\quad \frac{\partial \omega_{x2}}{\partial x} = \frac{\partial \omega_{x1}}{\partial x},\qquad \frac{\partial \omega_{x2}}{\partial y} = \frac{\partial \omega_{x1}}{\partial y},\qquad \frac{\partial \omega_{x2}}{\partial z} = \frac{\partial \omega_{x1}}{\partial z},\qquad \frac{\partial \omega_{x2}}{\partial t} = \frac{\partial \omega_{x1}}{\partial t},$$

et comme on a, par hypothèse,

$$\frac{\partial \omega_{x1}}{\partial x} = 0,\qquad \frac{\partial \omega_{x1}}{\partial y} = 0,\qquad \frac{\partial \omega_{x1}}{\partial z} = 0,\qquad \frac{\partial \omega_{x1}}{\partial t} = 0,$$

on obtient le premier groupe d'égalités

$$(17)\quad \begin{cases} \dfrac{\partial \omega_{x2}}{\partial x} = 0, & \dfrac{\partial \omega_{x2}}{\partial y} = 0, & \dfrac{\partial \omega_{x2}}{\partial z} = 0, & \dfrac{\partial \omega_{x2}}{\partial t} = 0, \\ \dfrac{\partial \omega_{y2}}{\partial x} = 0, & \dfrac{\partial \omega_{y2}}{\partial y} = 0, & \dfrac{\partial \omega_{y2}}{\partial z} = 0, & \dfrac{\partial \omega_{y2}}{\partial t} = 0, \\ \dfrac{\partial \omega_{z2}}{\partial x} = 0, & \dfrac{\partial \omega_{z2}}{\partial y} = 0, & \dfrac{\partial \omega_{z2}}{\partial z} = 0, & \dfrac{\partial \omega_{z2}}{\partial t} = 0. \end{cases}$$

Les deux autres groupes se démontrent d'une manière analogue.

Nous allons étendre ces égalités aux valeurs prises, à l'instant t_1 et au point M, par les dérivées partielles d'ordre quelconque de ω_x, ω_y, ω_z.

Supposons, en effet, qu'elles soient démontrées pour les dérivées partielles de ω_x, ω_y, ω_z jusqu'à l'ordre n inclusivement, et proposons-nous de les étendre aux dérivées partielles d'ordre $(n + 1)$ des mêmes quantités.

Considérons l'équation (15), qui est vérifiée en tout point du milieu, et différentions-la P fois par rapport à x, Q fois par rapport à y, R fois par rapport à z, P, Q, R vérifiant l'égalité

$$P + Q + R = n.$$

Elle nous donnera une égalité de la forme

$$\frac{\partial^{n+1}\omega_x}{\partial t\,\partial x^P\,\partial y^Q\,\partial z^R} + u\frac{\partial^{n+1}\omega_x}{\partial x^{P+1}\,\partial y^Q\,\partial z^R} + v\frac{\partial^{n+1}\omega_x}{\partial x^P\,\partial y^{Q+1}\,\partial z^R} + w\frac{\partial^{n+1}\omega_x}{\partial x^P\,\partial y^Q\,\partial z^{R+1}} = f,$$

f étant une fonction linéaire et homogène de ω_x, ω_y, ω_z et de leurs dérivées partielles jusqu'à l'ordre n inclusivement ; d'après ce que nous supposons démontré, la valeur de f au point M tend vers o lorsque le temps t s'approche de t_1 soit par valeurs inférieures à t_1, soit par valeurs supérieures à t_1.

Nous aurons donc, au point M et à l'instant t_1,

$$(18)\quad \frac{\partial^{n+1}(\omega_{x2}-\omega_{x1})}{\partial t\,\partial x^P\,\partial y^Q\,\partial z^R} + u\frac{\partial^{n+1}(\omega_{x2}-\omega_{x1})}{\partial x^{P+1}\,\partial y^Q\,\partial z^R} + v\frac{\partial^{n+1}(\omega_{x2}-\omega_{x1})}{\partial x^P\,\partial y^{Q+1}\,\partial z^R} + w\frac{\partial^{n+1}(\omega_{x2}-\omega_{x1})}{\partial x^P\,\partial y^Q\,\partial z^{R+1}} = 0.$$

Mais, d'autre part, d'après ce que nous supposons démontré, l'onde qui passe au point M à l'instant t est une onde persistante dont l'ordre par rapport à ω_x n'est pas inférieur à $(n+1)$. Il existe donc une grandeur Ω_x telle que toutes les dérivées d'ordre $(n+1)$ de $(\omega_{x2}-\omega_{x1})$ soient données, au point M et à l'instant t_1, par la formule

$$(19)\quad \frac{\partial^{n+1}(\omega_{x2}-\omega_{x1})}{\partial x^p\,\partial y^q\,\partial z^r\,\partial t^s} = \alpha^p\beta^q\gamma^r(-\mathfrak{N})^s\Omega_x \qquad (p+q+r+s=n+1).$$

Selon cette formule, l'égalité (18) devient

$$(\alpha u + \beta v + \gamma w - \mathfrak{N})\alpha^P\beta^Q\gamma^R\Omega_x = 0.$$

L'onde étant une onde qui se propage, $(\alpha u + \beta v + \gamma w - \mathfrak{N})$ n'est pas égal à o ; l'égalité précédente exige donc que l'on ait

$$\Omega_x = 0,$$

en sorte que l'égalité (19) devient

$$\frac{\partial^{n+1}\omega_{x2}}{\partial x^p\,\partial y^q\,\partial z^r\,\partial t^s} = \frac{\partial^{n+1}\omega_{x1}}{\partial x^p\,\partial y^q\,\partial z^r\,\partial t^s}.$$

Mais, selon l'hypothèse faite, toutes les dérivées partielles de ω_{x1} sont nulles au point M et à l'instant t_1 ; on a donc, en ce point et à cet instant,

$$\frac{\partial^{n+1}\omega_{x2}}{\partial x^p\,\partial y^q\,\partial z^r\,\partial t^s} = 0 \qquad (p+q+r+s=n+1).$$

On démontrerait des égalités analogues pour ω_{y2} et ω_{z2}.

Nous pouvons donc énoncer la proposition suivante :

Au point M, lorsque le temps t tend vers t_1 par valeurs supérieures à t_1, les dérivées partielles d'ordre quelconque de ω_x, ω_y, ω_z tendent toutes vers o.

Dès lors, en vertu d'un lemme précédemment démontré, *il en est de même, quel que soit n, des quantités*

$$\frac{d^n \omega_x}{dt^n}, \quad \frac{d^n \omega_y}{dt^n}, \quad \frac{d^n \omega_z}{dt^n}.$$

Depuis l'instant t_1 jusqu'à un instant postérieur t_2, les coordonnées $x(a, b, c, t)$, $y(a, b, c, t)$, $z(a, b, c, t)$ du point M redeviendront fonctions analytiques de t. Dès lors, entre les instants t_1, t_2, les trois rotations ω_x, ω_y, ω_z relatives au point M resteront égales à zéro.

Lors donc qu'au sein d'un fluide parfait, une onde longitudinale interrompt le caractère analytique du mouvement, elle n'empêche point le théorème précédemment démontré de demeurer exact.

Dès lors, *considérons un fluide pris dans les conditions qui ont été énumérées au début de ce Paragraphe, et exempt d'onde de choc.*

Mettons à part :

1° *Les points matériels qui forment des surfaces singulières exemptes de propagation;*

2° *Les points matériels qui, pendant la durée du mouvement, seront rencontrés par des lignes singulières; en général, ces points formeront certaines surfaces;*

3° *Les points matériels qui, à un instant quelconque du mouvement, deviendront points singuliers; en général, ces points se succéderont sur certaines lignes.*

Pour tout autre point matériel, si les quantités ω_x, ω_y, ω_z sont égales à zéro au début du mouvement, elles sont égales à zéro pendant toute la durée du mouvement.

Dans un fluide en repos, ω_x, ω_y, ω_z sont nuls en tout point; dès lors, le théorème précédent entraîne le corollaire que voici :

Supposons qu'un fluide, pris dans les conditions qui ont été définies au début de ce paragraphe, et partant du repos, soit mis en mouvement sans qu'à aucun moment la vitesse d'aucun point matériel soit discontinue. A aucun instant du mouvement, on ne pourra trouver dans le fluide un volume *d'étendue finie en tout point duquel l'une des trois rotations ω_x, ω_y, ω_z soit différente de zéro.*

Les deux propositions que nous venons d'énoncer sont subordonnées à une supposition fondamentale, hors de laquelle elles pourraient être fausses; elles supposent qu'AU COURS DU LAPS DE TEMPS AUQUEL ON LES APPLIQUE, IL N'EXISTE AUCUN INSTANT t POUR LEQUEL LES COORDONNÉES $x(a, b, c, t)$, $y(a, b, c, t)$, $z(a, b, c, t)$ DE TOUS LES POINTS MATÉRIELS QUI COMPOSENT UNE MASSE FINIE CESSERAIENT D'ÊTRE DES FONCTIONS ANALYTIQUES DE t.

Nous verrons dans la suite l'importance de cette restriction.

Cette restriction ne pèse pas sur le théorème de Lagrange lorsqu'on se borne à l'appliquer aux fluides parfaits; dans ce cas, en effet, la démonstration de Cauchy, aussi bien que la démonstration de W. Thomson sont applicables, et ces démonstrations supposent seulement que les dérivées partielles du second ordre de $x(a, b, c, t)$, $y(a, b, c, t)$, $z(a, b, c, t)$ existent et sont finies pour le laps de temps et pour la masse fluide auxquels on applique le théorème.

§ 2. — FORME DES ACTIONS DE VISCOSITÉ LORSQUE LES ROTATIONS SONT NULLES.

Imaginons un milieu ayant en tout point même densité et même température. Les composantes du champ de viscosité, données par les égalités (58) de la première Partie, deviendront

$$q_x = (\lambda + \mu)\frac{\partial\theta}{\partial x} + \mu\,\Delta u,$$

$$q_y = (\lambda + \mu)\frac{\partial\theta}{\partial y} + \mu\,\Delta v,$$

$$q_z = (\lambda + \mu)\frac{\partial\theta}{\partial z} + \mu\,\Delta w,$$

tandis que les composantes, en chaque point de la surface, de la pression de viscosité seront données par les égalités (57) de la première Partie :

$$p_x = \lambda\theta\cos(n_i, x) + \mu\frac{\partial u}{\partial n_i} + \mu\left[\frac{\partial u}{\partial x}\cos(n_i, x) + \frac{\partial v}{\partial x}\cos(n_i, y) + \frac{\partial w}{\partial x}\cos(n_i, z)\right],$$

$$p_y = \lambda\theta\cos(n_i, y) + \mu\frac{\partial v}{\partial n_i} + \mu\left[\frac{\partial u}{\partial y}\cos(n_i, x) + \frac{\partial v}{\partial y}\cos(n_i, y) + \frac{\partial w}{\partial y}\cos(n_i, z)\right],$$

$$p_z = \lambda\theta\cos(n_i, z) + \mu\frac{\partial w}{\partial n_i} + \mu\left[\frac{\partial u}{\partial z}\cos(n_i, x) + \frac{\partial v}{\partial z}\cos(n_i, y) + \frac{\partial w}{\partial z}\cos(n_i, z)\right].$$

Visiblement, ces six égalités peuvent être remplacées par les suivantes :

$$q_x = (\lambda + 2\mu)\frac{\partial \theta}{\partial x} + \mu\left(\frac{\partial \omega_y}{\partial z} - \frac{\partial \omega_z}{\partial y}\right),$$

$$q_y = (\lambda + 2\mu)\frac{\partial \theta}{\partial y} + \mu\left(\frac{\partial \omega_z}{\partial x} - \frac{\partial \omega_x}{\partial z}\right),$$

$$q_z = (\lambda + 2\mu)\frac{\partial \theta}{\partial z} + \mu\left(\frac{\partial \omega_x}{\partial y} - \frac{\partial \omega_y}{\partial x}\right),$$

$$p_x = \lambda\theta\cos(n_i, x) + \mu[\omega_z\cos(n_i, y) - \omega_y\cos(n_i, z)] + 2\mu\frac{\partial u}{\partial n_i},$$

$$p_y = \lambda\theta\cos(n_i, y) + \mu[\omega_x\cos(n_i, z) - \omega_z\cos(n_i, x)] + 2\mu\frac{\partial v}{\partial n_i},$$

$$p_z = \lambda\theta\cos(n_i, z) + \mu[\omega_y\cos(n_i, x) - \omega_x\cos(n_i, y)] + 2\mu\frac{\partial w}{\partial n_i}.$$

Si nous considérons maintenant le fluide visqueux étudié au Paragraphe précédent, nous aurons, en tout point de ce fluide et à tout instant,

$$\theta = 0$$

par hypothèse, et

$$\omega_x = 0, \qquad \omega_y = 0, \qquad \omega_z = 0$$

par démonstration. Alors les égalités précédentes deviendront

$$(20) \qquad q_x = 0, \qquad q_y = 0, \qquad q_z = 0$$

et

$$(21) \qquad p_x = 2\mu\frac{\partial u}{\partial n_i}, \qquad p_y = 2\mu\frac{\partial v}{\partial n_i}, \qquad p_z = 2\mu\frac{\partial w}{\partial n_i}.$$

Les égalités (20) nous montrent qu'*au sein d'un fluide visqueux, incompressible, dont tous les points sont à la même température et où les rotations sont nulles, les équations indéfinies du mouvement sont les mêmes que si le fluide était non visqueux.*

CHAPITRE II.

LE THÉORÈME DE LAGRANGE ET LES CONDITIONS AUX LIMITES.

§ 1. — UN FLUIDE ANIMÉ D'UN MOUVEMENT SANS ROTATION PEUT-IL ADHÉRER A LA SURFACE D'UN SOLIDE QU'IL BAIGNE?

Au sein d'une masse fluide traçons une certaine aire limite A dont L est le contour; supposons que les composantes u, v, w de la vitesse soient finies en tous les points de l'aire A. Si nous désignons par dS un élément de l'aire A, par n la normale à cet élément menée dans un sens convenable, la formule d'Ampère et de Stokes nous permettra d'écrire

$$\int_A [\omega_x \cos(n, x) + \omega_y \cos(n, y) + \omega_z \cos(n, z)]\, dS = \int_L (u\, dx + v\, dy + w\, dz).$$

Si le mouvement du fluide est sans rotation,

$$\omega_x = 0, \qquad \omega_y = 0, \qquad \omega_z = 0$$

et l'égalité précédente devient

$$(22) \qquad \int_L (u\, dx + v\, dy + w\, dz) = 0.$$

En faisant usage d'une dénomination empruntée à W. Thomson, on peut l'énoncer ainsi :

La *circulation* le long de la ligne fermée L est égale à zéro.

Supposons que le fluide baigne un certain solide en mouvement et qu'il adhère à sa surface. Supposons, en outre, que la vitesse d'un point quelconque du solide demeure constamment finie.

Dire que le fluide adhère au solide le long de leur commune surface, c'est-à-dire que si l'on prend deux points matériels infiniment voisins l'un de l'autre, l'un appartenant au fluide et l'autre au solide, les vitesses de ces points diffèrent infiniment peu en grandeur et en direction.

Il en résulte, en premier lieu, qu'en tout point du fluide, infiniment voisin de la surface du solide, les composantes u, v, w de la vitesse sont finies, en sorte que l'égalité (22) s'applique à toute ligne fermée tracée dans le fluide au voisinage de la surface du solide.

Il en résulte, en second lieu, que cette même égalité doit s'appliquer à une ligne fermée quelconque, tracée à la surface du solide, en supposant que u, v, w soient les composantes de la vitesse d'un point matériel appartenant au solide. Voyons si ce dernier résultat est, en général, acceptable.

L'expression $(u\,dx + v\,dy + w\,dz)$ représente le produit de l'élément dL, appartenant à la courbe L, par la projection sur cet élément de la vitesse d'un point qui en fait partie. Pour obtenir ce produit, on peut décomposer comme l'on veut la vitesse du point M, former pour chacune de ses composantes le produit analogue et ajouter ensemble tous ces produits.

Or, la vitesse de tout point M du solide est la résultante des vitesses du même point en deux autres mouvements du même solide : un mouvement de rotation qui, dans le temps dt, fait tourner le solide d'un angle $\theta\,dt$ autour d'une certaine droite D, et un mouvement de translation par lequel, dans le temps dt, tous les points du solide se déplacent d'une longueur $\lambda\,dt$ parallèlement à la droite D.

Comme courbe fermée L, prenons l'intersection de la surface du solide par un plan perpendiculaire à la droite D. Soient O l'intersection de ce plan avec la droite D; r la distance du point O au point M, origine de l'élément dL; $d\psi$ l'angle sous lequel, du point O, on voit l'élément dL.

Le produit géométrique de l'élément dL et de la vitesse du point M dans le premier mouvement est $\theta r^2\,d\psi$; quant au produit géométrique de l'élément dL et de la vitesse du point M dans le second mouvement, il est nul, car cette vitesse est perpendiculaire au plan de la courbe L.

Nous aurons donc

$$\int_L (u\,dx + v\,dy + w\,dz) = \theta \int_L r^2\,d\psi = 2\mathcal{A}\theta,$$

$\mathcal{A}$ étant l'aire plane à laquelle la courbe L sert de contour.

Si θ n'est pas nul, l'égalité (22) ne peut être vraie pour la courbe L.

Donc, en général, un fluide dont le mouvement est exempt de rotations et qui baigne un solide en mouvement ne peut adhérer à la surface de ce solide.

§ 2. — Conséquences relatives aux fluides parfaits.

Considérons, en premier lieu, un fluide entièrement dénué de viscosité.

Pour que ce fluide n'adhère pas à un solide qu'il baigne, il faut que le frottement au contact du solide et du fluide soit nul et qu'il en soit de même de la viscosité au contact de ces deux corps. Si ce frottement et cette viscosité ne sont pas nuls tous deux, le fluide adhère certainement au solide, en toutes circonstances, le long de leur commune surface.

Supposons, d'autre part, que le fluide étudié soit un fluide compressible ou non compressible, mais qui se meut dans des conditions telles qu'il existe une fonction $\Lambda(x, y, z, t)$ (*Recherches sur l'Hydrodynamique*, Ire Partie, Chap. III, § 2).

Supposons, enfin, qu'à l'instant initial, le fluide et le solide immergé soient en repos et qu'à partir de cet état de repos, ils se mettent en mouvement sans que la vitesse d'aucun point éprouve de variation brusque. Selon les démonstrations que Cauchy ou W. Thomson ont données du théorème de Lagrange, le fluide prendra un mouvement sans rotation. Donc, d'après le théorème démontré au Paragraphe 1, il ne pourra, en général, adhérer à la surface du solide.

Nous sommes ainsi conduits à la conclusion suivante :

Si un fluide, compressible ou non compressible, mais entièrement dénué de viscosité, se meut de telle sorte qu'il existe une fonction $\Lambda(x, y, z, t)$, on ne peut admettre, en général, qu'il existe soit un frottement, soit une viscosité au contact de ce fluide et d'un solide qu'il baigne.

Pour un système formé de pareils fluides, la seule forme logique que l'on puisse donner au problème hydrodynamique consiste à admettre que l'on a simplement, le long de la surface de contact d'un solide et du fluide, ou de deux fluides différents, la relation

$$(u_1 - u_2)\cos(N, x) + (v_1 - v_2)\cos(N, y) + (w_1 - w_2)\cos(N, z) = 0,$$

dont l'origine est purement cinématique.

C'est, en effet, sur ces fondements, logiquement irréprochables, mais souvent incapables de supporter une analyse ayant avec les faits d'expérience une suffisante affinité, que reposent la plupart des écrits classiques relatifs à l'Hydrodynamique.

§ 3. — Les liquides visqueux et l'existence du frottement aux surfaces limites.

Considérons maintenant un fluide visqueux incompressible et assujetti à garder, au cours de ses mouvements, une température invariable. Imaginons que ce fluide baigne certains solides mobiles.

Mettons le système en mouvement sans secousse brusque, de telle sorte que la vitesse de chaque point matériel varie d'une manière continue.

Les quantités p_{1x}, p_{1y}, p_{1z}, en chaque point de la surface de contact S du solide et du fluide, partent de 0 et varient d'une manière continue avec t; il en est de même de la projection du vecteur p_1 sur la surface S.

Si le frottement au contact du solide et du fluide n'est pas nul, cas auquel

$\Gamma(\rho_1, \rho_2, \varpi, T)$ est assurément négatif, la projection du vecteur p_t sur la surface S demeure assurément inférieure à $-\Gamma(\rho_1, \rho_2, \varpi, T)$, tant que t ne surpasse pas une certaine limite θ. Donc, *tant que t ne surpasse pas une certaine limite θ, le liquide demeure soudé au solide le long de leur commune surface.*

Supposons, d'autre part, *que les coordonnées des divers points matériels qui constituent le fluide varient analytiquement avec t depuis l'instant initial $t = t_0$ jusqu'à l'instant $t = \tau$, la différence $(\tau - t_0)$ étant finie.* D'après ce qui a été démontré au Paragraphe I, le théorème de Lagrange s'appliquerait à notre liquide visqueux de l'instant $t = t_0$ à l'instant $t = \tau$; pendant ce temps, le fluide serait sans rotation.

Donc *on pourrait, à partir de l'instant initial t_0, déterminer un laps de temps fini pendant lequel le fluide serait dépourvu de rotation et adhérerait aux solides mobiles; en général, ces deux propositions sont contradictoires,* comme nous l'avons vu au Paragraphe I.

On ne peut lever cette contradiction qu'en admettant l'une au moins des deux hypothèses suivantes :

1° *Il n'y a pas de frottement le long des surfaces de contact du solide et du fluide.*

2° *Pour $t = t_0$, les coordonnées des points du fluide ne sont pas fonctions analytiques de t.*

§ 4. — Les liquides visqueux et la viscosité le long des surfaces de contact avec les solides immergés.

Supposons que le liquide visqueux n'exerce aucun frottement à la surface des solides qu'il baigne; nous aurons alors, en tout point de la surface de contact du solide et du fluide,

$$\Gamma = 0, \qquad \mathfrak{G} = 0. \tag{23}$$

Supposons, d'ailleurs, que la surface de contact ne soit pas exempte de viscosité, en sorte que l'on ait

$$f < 0. \tag{24}$$

Dans ce cas, le fluide ne demeure plus, en général, soudé au solide et la difficulté que nous avons rencontrée au Paragraphe précédent ne se rencontrera plus. Mais nous allons rencontrer une autre difficulté analogue, en traitant certains problèmes, le suivant par exemple :

Considérons un solide de révolution immergé dans un fluide visqueux *indéfini. Imaginons que le système tout entier soit primitivement au repos, puis que, sans secousse, de manière que les vitesses de tous les points demeurent fonctions continues de t, le solide se mette à tourner autour de son axe de révolution.*

Peut-il arriver que le liquide demeure immobile?

Dans ce cas, les actions de viscosité demeureraient nulles en tout point de ce corps; en tout point de la surface de contact du solide et du fluide, on aurait

$$p_{1x} = 0, \qquad p_{1y} = 0, \qquad p_{1z} = 0.$$

Comme on aurait également

$$u_1 = 0, \qquad v_1 = 0, \qquad w_1 = 0, \tag{25}$$

en tenant compte de l'égalité (23), on transformerait les égalités (80) de la troisième Partie en

$$(\Pi_1 - \varpi)\cos(n_1, x) = -f u_2,$$

$$(\Pi_1 - \varpi)\cos(n_1, y) = -f v_2,$$

$$(\Pi_1 - \varpi)\cos(n_1, z) = -f w_2.$$

Multiplions respectivement ces égalités par u_2, v_2, w_2 et ajoutons membre à membre les résultats obtenus; en tenant compte des égalités (40 *bis*) de la troisième Partie, (24) et (25), nous trouverons l'égalité

$$u_2^2 + v_2^2 + w_2^2 = 0,$$

qui est absurde, puisque le solide n'est pas immobile.

Le fluide se mettra donc en mouvement et ce mouvement sera forcément symétrique autour de l'axe de révolution du solide pris pour axe des z.

Rapportons un point quelconque du système à des coordonnées cylindriques r, θ, z.

Continuons à désigner par w la composante parallèle à Oz de la vitesse; soit R la composante centrifuge de la vitesse; soit Θ la composante perpendiculaire aux deux précédentes. Nous aurons évidemment

$$u = R\cos\theta - \Theta\sin\theta,$$

$$v = R\sin\theta + \Theta\cos\theta.$$

Les trois quantités R, Θ, w peuvent dépendre de r et de z, mais point de θ.

Nous aurons alors

$$(26)\quad \left\{\begin{aligned}
\frac{\partial u}{\partial x} &= -\frac{R\sin\theta+\Theta\cos\theta}{r}\sin\theta+\left(\frac{\partial R}{\partial r}\cos\theta-\frac{\partial\Theta}{\partial r}\sin\theta\right)\cos\theta,\\
\frac{\partial u}{\partial y} &= -\frac{R\sin\theta+\Theta\cos\theta}{r}\cos\theta+\left(\frac{\partial R}{\partial r}\cos\theta-\frac{\partial\Theta}{\partial r}\sin\theta\right)\sin\theta,\\
\frac{\partial u}{\partial v} &= \frac{\partial R}{\partial z}\cos\theta-\frac{\partial\Theta}{\partial z}\sin\theta,\\
\frac{\partial v}{\partial x} &= -\frac{R\cos\theta-\Theta\sin\theta}{r}\sin\theta+\left(\frac{\partial R}{\partial r}\sin\theta+\frac{\partial\Theta}{\partial r}\cos\theta\right)\cos\theta,\\
\frac{\partial v}{\partial y} &= \frac{R\cos\theta-\Theta\sin\theta}{r}\cos\theta+\left(\frac{\partial R}{\partial r}\sin\theta+\frac{\partial\Theta}{\partial r}\cos\theta\right)\sin\theta,\\
\frac{\partial v}{\partial z} &= \frac{\partial R}{\partial z}\sin\theta+\frac{\partial\Theta}{dz}\cos\theta,\\
\frac{\partial w}{\partial x} &= \frac{\partial w}{\partial r}\cos\theta,\\
\frac{\partial w}{\partial y} &= \frac{\partial w}{\partial r}\sin\theta,\\
\frac{\partial w}{\partial z} &= \frac{\partial w}{\partial z}.
\end{aligned}\right.$$

Ces relations permettraient d'obtenir les équations du mouvement du fluide.

Proposons-nous simplement de calculer, en chaque point de la surface de contact du solide et du fluide, la composante $p_{1\theta}$ du vecteur p_1 dans la direction de la vitesse Θ.

Comme cette composante a évidemment une valeur indépendante de θ, il suffira de la calculer pour $\theta = 0$, c'est-à-dire en un point du plan zOx; elle se réduit alors à p_{1y} ou bien, selon les égalités (21), à

$$2\mu\frac{\partial v}{\partial n_i} = 2\mu\left[\frac{\partial v}{\partial x}\sin(n_i, z)+\frac{\partial v}{\partial z}\cos(n_i, z)\right].$$

Les égalités (26), où l'on doit faire $\theta = 0$, transformant l'expression précédente en

$$2\mu\left[\frac{\partial\Theta}{\partial r}\sin(n_i, z)+\frac{\partial\Theta}{\partial r}\cos(n_i, z)\right] = 2\mu\frac{\partial\Theta}{\partial r_i}.$$

On a donc

$$(27)\qquad p_{i\theta} = 2\mu\frac{\partial\Theta}{\partial n_i}.$$

Peut-il arriver que Θ soit nul en tous les points du fluide? S'il en était ainsi, l'équation (27) que nous venons d'obtenir donnerait, en tout point de la surface de contact du solide et du fluide,

$$p_{t\theta} = 0,$$

et, par conséquent, en tout point de cette même surface, la vitesse relative du solide et du fluide serait située dans le méridien; mais ceci exigerait, contrairement à l'hypothèse faite, que Θ fût, en chaque point de cette surface, égal à la vitesse avec laquelle le solide tourne autour de Oz.

Θ n'est donc pas nul, en général, au sein du fluide; si nous traçons une circonférence de rayon r ayant son centre sur Oz, Θ aura la même valeur en tous les points de cette circonférence et la circulation le long de cette circonférence aura pour valeur

$$C = 2\pi r\Theta.$$

Supposons maintenant qu'à partir de l'instant initial t_0 et tant que t ne surpasse pas une certaine limite, le fluide se meuve de telle sorte que les coordonnées de chaque point matériel soient des fonctions analytiques de t; nous pourrons faire usage du théorème démontré au Chapitre I, Paragraphe 1, les composantes ω_x, ω_y, ω_z de la rotation seront nulles en tout point du fluide pour toute valeur de t inférieure à la limite considérée.

Les quantités ω_x, ω_y, ω_z étant nulles dans tout le fluide, la circulation C ne peut être différente de 0 le long d'une courbe fermée que s'il existe une ligne singulière empêchant cette courbe fermée de se réduire à un point. Par raison de symétrie, il ne peut exister ici de ligne singulière aboutissant à la surface du solide autre que l'axe des z. On voit alors sans peine que la circulation le long d'une circonférence ayant son centre sur l'axe des z doit avoir pour valeur

$$C = K(t),$$

$K(t)$ ayant, à un même instant, la même valeur pour toutes les circonférences de ce genre que l'on peut tracer au sein du fluide, au voisinage de la surface du solide. On aurait donc, en tout point pris au sein du fluide,

$$\Theta = \frac{K(t)}{2\pi r}. \tag{28}$$

Considérons un point de la surface de contact du liquide et du solide; en ce point, l'égalité (7) serait applicable au liquide, tandis que la vitesse de rotation du solide serait $\Omega(t)r$, en désignant par $\Omega(t)$ sa vitesse angulaire de rotation à l'instant t; dès lors, les égalités (80) de la quatrième Partie, jointes aux égalités (2) et (7), donneraient, en tout point de la surface de contact du solide et du liquide, l'égalité

$$2\mu\frac{\partial\Theta}{\partial n_i} = -f[\Theta - \Omega(t)r]$$

que l'égalité (28) transforme en

$$(29)\qquad \frac{\mu}{\pi}\frac{K(t)}{r^2}\cos(n_i, r) - f\frac{K(t)}{2\pi r} + f\,\Omega(t)r = 0.$$

Il est clair qu'une telle égalité ne saurait être, en général, vérifiée en tous les points du solide; voici, entre autres, un moyen de faire éclater aux yeux cette impossibilité :

Supposons que le solide présente plusieurs parallèles de rayon maximum ou minimum; soient $r_1, r_2, r_3, \ldots$, les rayons de ces parallèles, rayons que l'on peut se donner arbitrairement; en tout point d'un tel parallèle, on aurait $\cos(n_i, r) = 1$, et l'égalité (29) donnerait les égalités

$$\left(\frac{\mu}{\pi r_1^2} - \frac{f}{2\pi r_1}\right)\frac{K(t)}{\Omega(t)} + f r_1 = 0,$$
$$\left(\frac{\mu}{\pi r_2^2} - \frac{f}{2\pi r_2}\right)\frac{K(t)}{\Omega(t)} + f r_2 = 0,$$
$$\left(\frac{\mu}{\pi r_3^2} - \frac{f}{2\pi r_3}\right)\frac{K(t)}{\Omega(t)} + f r_3 = 0,$$
$$\ldots\ldots\ldots\ldots\ldots\ldots\ldots\ldots$$

auxquelles, en général, il est impossible de satisfaire en disposant du seul rapport $\frac{K(t)}{\Omega(t)}$.

La difficulté que nous venons de rencontrer en étudiant le mouvement d'un liquide visqueux exempt de frottement à la surface des solides qu'il baigne ne peut admettre que deux solutions :

1° *Ou bien les surfaces de contact du liquide et des solides sont exemptes de viscosité :*

$$(30)\qquad f = 0.$$

2° *Ou bien les coordonnées des points matériels qui constituent le fluide ne peuvent, à partir de l'instant inital t_0 du mouvement, s'exprimer en fonctions analytiques de t.*

§ 5. — Examen des résultats obtenus aux deux paragraphes précédents.

Si nous réunissons les résultats obtenus au Paragraphe 3 et au Paragraphe 4, nous pouvons énoncer la proposition que voici:

Lorsqu'un système formé de solides mobiles et d'un liquide visqueux, de température uniforme et invariable, part du repos et se met en mouvement sans secousse brusque, les lois de ce mouvement prêtent à contradiction, à moins que l'on admette l'une ou l'autre des hypothèses suivantes:

1° Les surfaces de contact des solides et du liquide ne sont affectées ni de viscosité, ni de frottement;

2° Il est impossible, à partir de l'instant initial t_0 du mouvement, d'exprimer les coordonnées de chacun des points matériels qui composent le fluide en fonction analytique de t.

Examinons successivement ces deux hypothèses.

Si nous admettons la première hypothèse, nous devrons imaginer que le mouvement d'un liquide visqueux est assujetti, le long des parois fixes ou mobiles auxquelles il confine, à la seule condition

$$(31)\qquad (u_1-u_2)\cos(N,x)+(v_1-v_2)\cos(N,y)+(w_1-w_2)\cos(N,z)=0,$$

qui est d'origine purement cinématique.

Mais un autre point est également hors de doute. La considération de la viscosité intrinsèque des liquides serait impuissante à fournir des équations comparables aux faits d'expérience les mieux constatés si l'on se bornait à l'emploi, le long des surfaces terminales, de la condition (31). Il pourrait même arriver que la solution de certains problèmes essentiels devînt alors indéterminée.

Examinons, par exemple, le célèbre problème de Poiseuille :

Un liquide, parvenu à l'état de régime permanent, s'écoule par filets parallèles à l'intérieur d'un conduit cylindrique (*Recherches*, IVe Partie, Chap. III, § 4).

Nous pourrons encore établir que la vitesse w vérifie l'équation aux dérivées partielles [*loc. cit.*, équation (132 *bis*)]

$$(32)\qquad \frac{\partial^2 w}{\partial x^2}+\frac{\partial^2 w}{\partial y^2}=K^2.$$

Mais la vitesse w étant, en chaque point, tangente à la paroi solide, la condition (31) sera vérifiée d'elle-même; nous n'aurons donc, pour déterminer w, que l'équation (32), qui ne saurait suffire à cette objet.

La première des deux hypothèses énoncées doit donc être rejetée et nous sommes contraints d'adopter la seconde, qui peut, plus explicitement, être formulée de la manière suivante :

Au sein d'un liquide visqueux, en contact avec des solides fixes ou mobiles, il existe un domaine fini, contigu aux parois solides, où les coordonnées des divers points matériels ne sont pas exprimables en fonctions analytiques du temps à partir de l'instant initial du mouvement. Ce domaine peut comprendre tout le fluide. S'il comprend seulement une partie du fluide, cette partie se compose des mêmes masses pendant toute la durée du mouvement.

Cette proposition fondamentale a été découverte par M. Boussinesq (¹); dans un cas très simple, M. Boussinesq a pu donner, sous forme finie, les lois du mouvement d'un liquide qui part du repos et qui demeure adhérent à une paroi solide; la solution obtenue est, en effet, non analytique pour la valeur de t qui correspond au début du mouvement.

Il est permis de remarquer qu'aux difficultés que nous avons signalées une solution, différente de celle qu'a proposée M. Boussinesq, aurait pu se présenter comme acceptable. On aurait pu imaginer que les coordonnées de chacun des points matériels du fluide situés à distance finie des parois solides s'expriment en fonctions analytiques de t, à partir de l'instant initial du mouvement, et jusqu'à un certain instant; mais qu'en même temps, à l'instant initial du mouvement, une onde se détache de la paroi solide et se propage dans le fluide. Les rotations seraient alors, à un instant donné, nulles pour les points matériels que l'onde n'a pas encore atteints, et différentes de zéro pour les points matériels qu'elle a dépassés. En prouvant, dans la seconde Partie de ces *Recherches*, qu'une onde ne pouvait se propager au sein d'un fluide visqueux, nous avons rendu cette opinion inacceptable et, partant, mis hors de doute l'interprétation proposée par M. Boussinesq.

Mais une grave question se présente maintenant. Sera-t-il toujours possible de trouver, pour les équations du mouvement d'un fluide visqueux qui part du repos, des intégrales non analytiques à l'instant initial? Le problème que M. Boussinesq a pu résoudre dans un cas particulier admettra-t-il une solution en général? Il semble malaisé de répondre à cette question. Il est permis de se demander si l'étude du mouvement des fluides visqueux ne conduira pas, dans certains cas, à d'insurmontables contradictions.

(¹) J. Boussinesq, *Sur la manière dont les frottements entrent en jeu dans un fluide qui sort de l'état de repos, et sur leur effet pour empêcher l'existence d'une fonction des vitesses* (*Comptes rendus*, t. XC, 1880, p. 736). — *Quelques considérations à l'appui d'une Note du 29 mars sur l'impossibilité d'admettre, en général, une fonction des vitesses dans toute question d'Hydrodynamique où les frottements ont un rôle notable* (*Comptes rendus*, t. XC, 1880, p. 967).

SIXIÈME PARTIE.

SUR LES DEUX COEFFICIENTS DE VISCOSITÉ ET LA VISCOSITÉ AU VOISINAGE DE L'ÉTAT CRITIQUE.

CHAPITRE I.

DES DEUX COEFFICIENTS DE VISCOSITÉ $\lambda(\rho, T)$, $\mu(\rho, T)$.

---

§ I. — Examen des diverses hypothèses qui ont été faites touchant les coefficients de viscosité $\lambda(\rho, T)$, $\mu(\rho, T)$.

Au cours des *Recherches sur l'Hydrodynamique des fluides visqueux*, que nous avons développées dans les précédentes Parties, nous avons toujours traité les deux fonctions $\lambda(\rho, T)$, $\mu(\rho, T)$ qui déterminent la viscosité d'un fluide comme n'ayant entre elles aucune relation forcée, et comme assujetties seulement aux deux conditions

$$(1) \qquad \begin{cases} \mu(\rho, T) \geqq 0, \\ 3\lambda(\rho, T) + 2\mu(\rho, T) \geqq 0, \end{cases}$$

hors desquelles la fonction dissipative pourrait devenir négative.

Or, certains auteurs, en traitant de la viscosité des fluides, ont fait des suppositions qui restreignent l'indétermination des deux fonctions $\lambda(\rho, T)$, $\mu(\rho, T)$; entre ces deux fonctions, ils ont admis qu'il existait une relation nécessaire; d'ailleurs, comme nous l'avons déjà remarqué (*Recherches sur l'Hydrodynamique*, Ire Partie, Chap. I, § 3), cette relation varie suivant les auteurs, qui ont hésité entre les trois formes suivantes :

$$(2) \qquad \lambda(\rho, T) = \mu(\rho, T),$$

$$(3) \qquad \lambda(\rho, T) = 0,$$

$$(4) \qquad 3\lambda(\rho, T) + 2\mu(\rho, T) = 0.$$

Il importe que nous passions en revue les raisons invoquées en faveur de chacune de ces trois relations, afin de nous assurer qu'aucune de ces raisons n'est assez forte pour entraîner notre adhésion.

On dit souvent, dans les Traités, que la théorie de Navier est indépendante de toute hypothèse sur la valeur du coefficient $\lambda(\rho, T)$, car elle traite des fluides incompressibles, en sorte que le coefficient λ disparaît des équations. Une telle opinion découle d'une lecture superficielle de l'œuvre de Navier.

Il est exact qu'à la fin de son Mémoire, Navier, traitant seulement des fluides incompressibles, simplifie ses équations en biffant tous les termes qui contiennent en facteur la dilatation en volume ou ses dérivées partielles; mais cette opération a été précédée d'une analyse générale, qui ne suppose pas le fluide incompressible; cette analyse conduit à une expression du travail virtuel de la viscosité [1] et, avec nos notations, cette expression s'écrit de la manière suivante :

$$\begin{aligned} d\tau_v = & \int \mu(\rho, T)\left[\left(2\frac{\partial\theta}{\partial x} + \Delta u\right)\delta x + \left(2\frac{\partial\theta}{\partial y} + \Delta v\right)\delta y + \left(2\frac{\partial\theta}{\partial z} + \Delta w\right)\delta z\right] d\varpi \\ & + \int \mu(\rho, T)\left\{ \left[\left(\theta + 2\frac{\partial u}{\partial x}\right)\cos(n_i, x) + \left(\frac{\partial u}{\partial y} + \frac{\partial v}{\partial x}\right)\cos(n_i, y) + \left(\frac{\partial w}{\partial x} + \frac{\partial u}{\partial z}\right)\cos(n_i, z)\right]\delta x \right. \\ & \quad + \left[\left(\frac{\partial u}{\partial y} + \frac{\partial v}{\partial x}\right)\cos(n_i, x) + \left(\theta + 2\frac{\partial v}{\partial y}\right)\cos(n_i, y) + \left(\frac{\partial v}{\partial z} + \frac{\partial w}{\partial y}\right)\cos(n_i, z)\right]\delta y \\ & \quad \left. + \left[\left(\frac{\partial w}{\partial x} + \frac{\partial u}{\partial z}\right)\cos(n_i, x) + \left(\frac{\partial v}{\partial z} + \frac{\partial w}{\partial x}\right)\cos(n_i, y) + \left(\theta + 2\frac{\partial w}{\partial z}\right)\cos(n_i, z)\right]\delta z \right\} dS. \end{aligned}$$

Cette expression coïncide avec celle que donnent les égalités (47) et (51) de la première Partie, pourvu que l'on fasse, en ces dernières,

$$\lambda(\rho, T) = \mu(\rho, T). \tag{2}$$

On doit donc regarder cette dernière relation comme exprimant l'opinion de Navier.

C'est au moyen d'hypothèses sur les actions moléculaires, assimilées à des forces centrales, que Navier est parvenu à la relation (3).

On sait du reste que l'hypothèse des forces centrales, introduite par Poisson dans l'étude de l'élasticité des corps solides, conduit à poser, entre les deux coefficients d'élasticité des corps isotropes, une relation semblable à l'égalité (2).

La relation ainsi introduite par Poisson dans l'étude de l'élasticité des corps isotropes n'est point, tant s'en faut, confirmée par l'expérience; de plus, elle est visiblement inapplicable aux liquides [2], alors que rien, dans le développement des théories élastiques, ne permet d'exclure logiquement les liquides du nombre des corps isotropes. Aussi la nécessité d'éviter cette relation inacceptable est-elle

---

[1] *Mémoire sur les lois du mouvement des fluides*, par M. Navier, lu à l'Académie des Sciences le 18 mars 1822 (*Mémoires de l'Académie des Sciences*, 2e série, t. VI, 1823, p. 389).

[2] P. Duhem, *Hydrodynamique, Élasticité, Acoustique*, t. II, p. 241. Paris, 1891.

une des raisons qui ont amené le rejet de l'hypothèse des forces centrales. Ainsi convaincue d'erreur et rejetée de l'étude de l'élasticité, cette hypothèse semble singulièrement aventureuse dans le domaine de la viscosité; et s'il est une de ses conséquences que l'on doive révoquer en doute, c'est bien la relation (2), homologue, en cette théorie, de l'égalité condamnée par la théorie de l'élasticité.

Cette égalité (2), on la retrouve d'ailleurs d'une manière nécessaire toutes les fois qu'on fait usage de l'hypothèse des forces centrales pour traiter de la viscosité; c'est ainsi qu'elle a été obtenue de nouveau par M. O.-E. Meyer [1].

Dans le Mémoire de M. O.-E. Meyer, l'analogie entre l'égalité (2) et l'égalité qui, selon Poisson, caractérise les corps élastiques isotropes est d'autant plus évidente que l'auteur y traite de la viscosité non pas au sein des milieux fluides, mais au sein des milieux élastiques isotropes et peu déformés; le même calcul lui donne alors, pour les actions élastiques, la relation de Poisson et, pour les actions de viscosité, la relation (2).

Cette relation (2), M. O.-E. Meyer l'a retrouvée plus tard [2] en se fondant sur la théorie cinétique des gaz, alors que, de cette théorie, d'autres auteurs ont, comme nous le verrons, tiré d'autres relations.

La relation

$$\lambda(\rho, T) = 0 \tag{3}$$

se trouve seulement dans un Mémoire inédit que Cauchy avait présenté à l'Académie des Sciences en 1822 et dont il a reproduit les résultats, en 1828, dans les *Anciens Exercices de Mathématiques* [3]; mais, aussitôt après avoir reproduit ces résultats, Cauchy remarque qu'on peut leur en substituer d'autres, plus généraux, où les coefficients $\lambda(\rho, T)$, $\mu(\rho, T)$ ont des valeurs quelconques; l'illustre analyste n'attache donc aucune importance à la relation (3).

L'existence de deux coefficients de viscosité, indépendants l'un de l'autre, résulte également de la très curieuse théorie de la viscosité développée par Poisson en 1829 [4]; les deux coefficients qu'il considère et qu'il désigne par β et β' sont

---

[1] O.-E. MEYER, *Zur Theorie der inneren Reibung* (*Journal für reine und angewandte Mathematik*, Bd. LXXVIII, 1874, p. 130).

[2] O.-E. MEYER, *Die kinetische Theorie der Gase*, p. 325. Breslau, 1877.

[3] CAUCHY, *Sur les équations qui expriment les conditions d'équilibre, ou les lois du mouvement intérieur d'un corps solide, élastique ou non élastique*, § 3. *Sur le mouvement intérieur d'un corps solide non élastique* (*Exercices de Mathématiques*, IIIe année, p. 183. Paris, 1828).

[4] POISSON, *Mémoire sur les équations générales de l'équilibre et du mouvement des corps solides élastiques et des fluides*, lu à l'Académie des Sciences le 12 octobre 1829 (*Journal de l'École Polytechnique*, XXe Cahier, t. XIII, 1831, p. 1-174).

liés à nos coefficients λ et μ par les relations

$$\lambda(\rho, T) = -\beta',$$
$$\mu(\rho, T) = -\beta.$$

Poisson laisse entièrement quelconques les deux coefficients β et β'.

Cette opinion est aussi celle de Barré de Saint-Venant, bien que sa courte Note sur ce sujet (¹) ait parfois été regardée comme favorable à la relation (4). Cette Note, en effet, prouve simplement qu'il doit exister une grandeur ϖ, définie en chaque point du fluide en mouvement, telle que l'on ait

$$\nu_x = -\varpi - 2\mu\frac{\partial u}{\partial x}, \qquad \nu_y = -\varpi - 2\mu\frac{\partial v}{\partial y}, \qquad \nu_z = -\varpi - 2\mu\frac{\partial w}{\partial z},$$

$$\tau_x = -\mu\left(\frac{\partial v}{\partial z} + \frac{\partial w}{\partial y}\right), \qquad \tau_y = -\mu\left(\frac{\partial w}{\partial x} + \frac{\partial u}{\partial z}\right), \qquad \tau_z = -\mu\left(\frac{\partial u}{\partial y} + \frac{\partial v}{\partial x}\right).$$

En terminant, Saint-Venant fait remarquer que ces formules conviennent aussi bien à la théorie de Navier qu'à la théorie de Poisson.

C'est Stokes (²) qui, le premier, a proposé la relation

$$(4) \qquad 3\lambda(\rho, T) + 2\mu(\rho, T) = 0.$$

Cette relation signifie, comme nous l'avons vu (Iʳᵉ Partie, Chap. I, § 2) que le travail des actions de viscosité serait nul si chacun des éléments du fluide se dilatait en restant semblable à lui-même. Voici les brèves considérations par lesquelles Stokes la justifie :

« Il nous reste, dit-il, à considérer l'effet de la dilatation. Supposons, tout d'abord, qu'aucune déformation n'accompagne cette dilatation ; il est aisé de voir que le mouvement relatif du fluide au point considéré sera le même en toute direction. Par conséquent, une telle dilatation ne peut avoir pour effet que d'ajouter à la pression que produisent les actions des molécules, supposées dans leur position d'équilibre relatif, une autre pression normale p', la même en tout sens. Mais cette pression p' provient uniquement de l'ensemble des actions moléculaires mises en jeu par les déplacements que les molécules ont subi par rapport à leur position d'équilibre relatif ; comme d'ailleurs, en moyenne, ces déplacements

(¹) Barré de Saint-Venant, *Note à joindre au Mémoire sur la dynamique des fluides, présenté à l'Académie des Sciences le 14 avril 1834* (*Comptes rendus*, t. XVII, 1843, p. 1240).

(²) Stokes, *On the theories of the internal friction of fluids in motion, and of the equilibrium and motion of elastic solids*, n° 3, lu le 14 avril 1845 à la Société philosophique de Cambridge (*Transactions of the Cambridge philosophical Society*, Vol. VIII, p. 287. — *Mathematical and physical Papers*, Vol. I, p. 87).

se produisent indifféremment en toute direction, il en résulte que les actions qui concourent à former p' se neutralisent les unes les autres et que $p' = 0$. On tirerait la même conclusion de l'hypothèse cinétique, en regardant, comme il est naturel de le faire, chaque secousse mise en action comme liée à un accroissement de pression en certaines directions et à une diminution de pression dans d'autres directions. »

Il est à peine besoin de faire remarquer l'insuffisance d'un tel raisonnement, dont un calcul plus complet eût démenti les conclusions. D'ailleurs, Stokes lui-même paraît avoir attaché à la conclusion ainsi obtenue une médiocre confiance; voici, en effet, ce qu'il écrit quelques lignes plus loin : « On peut poser $3\lambda + 2\mu = 0$ si l'on suppose que, dans le cas d'un mouvement de dilatation uniforme, la pression à chaque instant dépend exclusivement de la densité et de la température à cet instant et nullement de la vitesse avec laquelle la première varie d'un instant à l'autre. Dans la plupart des cas auxquels il est intéressant d'appliquer la théorie de la viscosité, ou bien la densité du fluide est constante, ou bien l'on peut, sans erreur sensible, la regarder comme constante; elle change lentement de valeur. Les résultats sont exactement les mêmes dans le premier cas, et sensiblement les mêmes dans le second cas, que $(3\lambda + 2\mu)$ soit ou non égal à zéro. Par conséquent, bien que la théorie et l'expérience soient d'accord en ces divers cas, on ne saurait regarder l'expérience comme vérifiant la partie de la théorie qui a trait à l'hypothèse $3\lambda + 2\mu = 0$. »

La relation (4) a été retrouvée par Maxwell (¹) en faisant usage de la théorie cinétique des gaz et en assimilant les molécules gazeuses à des points dont la répulsion est inversement proportionnelle à la cinquième puissance de la distance; son analyse a été ensuite exposée plus rigoureusement par G. Kirchhoff (²) et par M. Boltzmann (³). Mais, alors même que l'on n'opposerait pas une fin de non recevoir aux hypothèses sur lesquelles repose la théorie cinétique des gaz, il est permis de faire observer :

1° Que les mêmes calculs qui fournissent les équations du mouvement d'un fluide visqueux, complétées par la relation (4), exigent que le gaz suive les lois de Mariotte et de Gay-Lussac, ce qui restreint aux gaz parfaits la portée des résultats obtenus;

(¹) MAXWELL, *The Bakerian Lecture : On the viscosity or internal friction of air and other gases*, lu le 8 février 1868 à la Société Royale de Londres. (*Philosophical Transactions*, vol. CLVI. — *Scientific Papers*, vol. II, p. 69.)

(²) G. KIRCHHOFF, *Vorlesungen über die Theorie der Wärme*, p. 193. Leipzig, 1894.

(³) L. BOLTZMANN, *Vorlesungen über Gastheorie*, I. Theil, p. 169 et p. 180. Leipzig, 1896. — *Leçons sur la Théorie des gaz*, traduites par A. GALLOTTI, Iʳᵉ Partie, p. 159 et p. 171. Paris, 1902. Dans le dernier des deux passages cités, M. Boltzmann signale le caractère arbitraire de plusieurs des hypothèses faites.

2° Que, selon ces mêmes calculs (¹), le rapport de la chaleur spécifique C sous pression constante à la chaleur spécifique c sous volume constant a pour valeur

$$\frac{C}{c} = \frac{5}{3} = 1{,}666, \quad \ldots,$$

conclusion manifestement fausse puisque, pour tous les gaz parfaits bien étudiés, le rapport $\frac{C}{c}$ a une valeur voisine de 1,40.

Si la théorie dont nous parlons fournit une valeur assurément fausse pour le rapport $\frac{C}{c}$, pourquoi fournirait-elle une valeur assurément juste pour la quantité $(3\lambda + 2\mu)$?

Or, G. Kirchhoff ne trouve (²), à la relation (4), aucun fondement en dehors de la théorie cinétique des gaz.

Enfin, M. L. Natanson, qui a donné récemment une théorie fort originale de la viscosité, termine son exposé par cette déclaration (³) : « *En conclusion*, nous dirons que la relation de Stokes, $\lambda = -\frac{2}{3}\mu$, s'accorde parfaitement avec l'ensemble de nos hypothèses; mais rien ne nous oblige à les considérer comme un corollaire qui découlerait avec nécessité de notre théorie. »

Il ressort clairement de cet exposé historique qu'aucune raison péremptoire n'impose une relation particulière entre les deux quantités $\lambda(\rho, T)$, $\mu(\rho, T)$; tout au plus, les physiciens qui regardent comme légitime la théorie cinétique des gaz pourraient-ils, en vertu de cette théorie, regarder la relation (4), proposée par M. Stokes, comme exacte pour les gaz parfaits monoatomiques et, *peut-être*, pour les autres gaz parfaits; ils ne sauraient, en tous cas, la regarder comme établie pour les fluides en général.

Nous allons voir que si l'on avait tenu, dans l'étude de la viscosité, à être rigoureusement conséquent avec la définition du mot *fluide*, on aurait été amené à assujettir les fonctions $\lambda(\rho, T)$, $\mu(\rho, T)$ à des conditions toutes différentes de celles qui ont été proposées jusqu'ici.

(¹) G. KIRCHHOFF, *loc. cit.*, p. 196. — L. BOLTZMANN, *loc. cit.* (trad. Gallotti), p. 170 et p. 179.

(²) G. KIRCHHOFF, *loc. cit.*, p. 116.

(³) L. NATANSON, *Sur les lois de la viscosité* (*Bulletin de l'Académie des Sciences de Cracovie : Classe des Sciences mathématiques et naturelles*, février 1901, p. 110).

§ 2. — Forme nécessaire des actions de viscosité au sein d'un fluide proprement dit. Impossibilité des liquides visqueux.

Revenons à la définition du mot *fluide*.

Un milieu continu est dit *fluide* si l'état de chaque élément est entièrement défini par la connaissance des coordonnées x, y, z d'un point de chaque élément, par la densité ρ de cet élément et par la température T qui y règne. Pour déterminer entièrement la modification réelle ou virtuelle éprouvée par un tel élément, il suffit de connaître le changement réel ou virtuel de la position qu'il occupe dans l'espace, et les variations virtuelles de la température et de la densité; il est totalement inutile de connaître la déformation que cet élément a pu subir durant la modification considérée.

Du moment que l'on convient de tenir compte, pour définir la modification subie par un élément d'un certain milieu, non seulement du changement de densité de cet élément, mais encore des déformations qu'il a éprouvées; du moment que deux états où l'élément a même densité, même température, mais des formes différentes, sont regardés non comme deux états identiques, mais comme deux états distincts, on ne doit plus dire que le milieu considéré est un *milieu fluide;* on doit dire que l'on étudie les propriétés d'un *milieu élastique* (¹).

Dès lors, il est facile de déterminer la forme que doivent avoir les actions de viscosité au sein d'un corps fluide si l'on veut, dans la détermination de cette forme, rester rigoureusement conséquent avec la définition précédente.

Les composantes u, v, w de la vitesse sont supposées fonctions continues de x, y, z; les divers éléments qui composent le fluide sont donc soudés entre eux; dès lors, le travail virtuel $d\mathcal{C}_v$ des actions de viscosité au sein de la masse fluide est la somme des travaux virtuels des viscosités intrinsèques de chaque élément fluide. Si donc on désigne par $d\tau_v\, d\varpi$ le travail virtuel des viscosités intrinsèques à l'élément de volume $d\varpi$, on aura [Iʳᵉ Partie, égalité (41)]

$$(4\ bis) \qquad d\mathcal{C}_v = \int d\tau_v\, d\varpi,$$

l'intégrale s'étendant à tous les éléments $d\varpi$ du volume occupé par le fluide.

Quant à la forme de $d\tau_v\, d\varpi$, elle est bien aisée à déterminer. Indépendamment de sa position absolue dans l'espace et de sa température absolue T, l'élément $d\varpi$ est entièrement déterminé par une seule variable normale, sa densité ρ; dès lors,

(¹) Nous avons déjà insisté sur cette définition dans les feuilles autographiées de notre Cours : *Hydrodynamique, Élasticité, Acoustique* (t. II, p. 205), professé à Lille en 1890-1891.

si l'on fait usage des principes posés au Chapitre I, § 1, de la première Partie de ces *Recherches*, on voit que

$$(5)\qquad d\tau_v\, d\varpi = \int f\left(\rho, \mathrm{T}, \frac{d\rho}{dt}\right)\frac{d\rho}{dt}\,\delta\rho\, d\varpi,$$

$f\left(\rho, \mathrm{T}, \frac{d\rho}{dt}\right)$ étant une quantité essentiellement négative. Si l'on admet, en outre, la supposition que nous avons appelée l'*hypothèse approximative*, on devra regarder f comme indépendant de $\frac{d\rho}{dt}$, ce qui donnera

$$(6)\qquad d\tau_v\, d\varpi = \int f(\rho, \mathrm{T})\frac{d\rho}{dt}\,\delta\rho\, d\varpi.$$

Mais on a

$$(7)\qquad \left\{\begin{aligned} \frac{d\rho}{dt} &= -\rho\left(\frac{\partial u}{\partial x} + \frac{\partial v}{\partial y} + \frac{\partial w}{\partial z}\right),\\ \delta\rho &= -\rho\left(\frac{\partial\,\delta x}{\partial x} + \frac{\partial\,\delta y}{\partial y} + \frac{\partial\,\delta z}{\partial z}\right).\end{aligned}\right.$$

Si donc on pose

$$\rho^2 f(\rho, \mathrm{T}) = -\lambda(\rho, \mathrm{T}),$$

cas auquel, puisque $f(\rho, \mathrm{T})$ est essentiellement négatif, $\lambda(\rho, \mathrm{T})$ est essentiellement positif :

$$(8)\qquad \lambda(\rho, \mathrm{T}) > 0,$$

on aura, en vertu des égalités (4) à (7),

$$(9)\qquad d\mathfrak{E}_v = -\int \lambda(\rho, \mathrm{T})\left(\frac{\partial u}{\partial x} + \frac{\partial v}{\partial y} + \frac{\partial w}{\partial z}\right)\left(\frac{\partial\,\delta x}{\partial x} + \frac{\partial\,\delta y}{\partial y} + \frac{\partial\,\delta z}{\partial z}\right) d\varpi.$$

Telle est la forme nécessaire du travail virtuel de la viscosité en un milieu fluide.

Mais, s'il s'agit d'un fluide incompressible, on a constamment, en vertu des égalités (7),

$$\frac{\partial u}{\partial x} + \frac{\partial v}{\partial y} + \frac{\partial w}{\partial z} = 0,$$

$$\frac{\partial\,\delta x}{\partial x} + \frac{\partial\,\delta y}{\partial y} + \frac{\partial\,\delta z}{\partial z} = 0,$$

en sorte que l'égalité (136) devient

$$d\mathfrak{E}_v = 0$$

Le travail virtuel des actions de viscosité, au sein d'un fluide incompressible, est identiquement nul; en d'autres termes, LA SUPPOSITION D'UN LIQUIDE VISQUEUX EST CONTRADICTOIRE AVEC LA DÉFINITION DU MOT FLUIDE.

Dès lors, les difficultés auxquelles nous a conduits l'étude des liquides visqueux cessent d'être surprenantes.

§ 3. — PROPRIÉTÉS DES FLUIDES COMPRESSIBLES VISQUEUX.

Mais si la définition du mot *fluide* nous empêche de considérer des fluides incompressibles visqueux, elle nous permet de traiter des *fluides compressibles visqueux* et, par l'égalité (10), elle nous fait connaître la forme qu'affecte nécessairement, en de pareils fluides, le travail virtuel de viscosité.

Si, selon l'usage, nous posons

$$\theta = \frac{\partial u}{\partial x} + \frac{\partial v}{\partial y} + \frac{\partial w}{\partial z},$$

l'égalité (9) pourra s'écrire

$$(10)\quad \left\{\begin{aligned} d\mathfrak{E}_v = &\int \left[\frac{\partial(\lambda\theta)}{\partial x}\delta x + \frac{\partial(\lambda\theta)}{\partial y}\delta y + \frac{\partial(\lambda\theta)}{\partial z}\delta z\right] d\varpi \\ &+ \int \lambda\theta[\cos(n_i, x)\,\delta x + \cos(n_i, y)\,\delta y + \cos(n_i, z)\,\delta z]\, dS, \end{aligned}\right.$$

la première intégrale s'étendant au volume occupé par le fluide et la seconde à la surface qui le limite. Cette forme rentre, comme cas particulier, dans celle qui a été donnée en l'égalité (47) de la première Partie, à la condition de faire

$$(11)\quad \left\{\begin{aligned} &\nu_x = \nu_y = \nu_z = -\lambda(\rho, T)\theta, \\ &\tau_x = \tau_y = \tau_z = 0. \end{aligned}\right.$$

Or, si l'on compare ces égalités aux égalités (51) de la première Partie, on voit qu'elles découlent de ces dernières pourvu que l'on y fasse

$$(12)\qquad \mu(\rho, T) = 0.$$

Donc, *la seule théorie des fluides visqueux qui soit compatible avec la définition du mot* fluide *est un cas particulier de la théorie habituellement admise; ce cas particulier est celui où le coefficient* $\mu(\rho, T)$ *est égal à* 0.

Les propriétés de ces fluides sont alors aisées à établir; pour les obtenir, il suffit d'égaler à 0 le coefficient $\mu(\rho, T)$ dans les équations de la théorie classique.

Dès lors, les équations (58), (74) et (75) de la première Partie de ces *Recherches* nous montrent que l'on a, en tout point de la masse fluide,

$$(13)\quad \left\{\begin{aligned} &\frac{\partial \Pi}{\partial x} - \rho(X_i + X_e - \gamma_x) - \frac{\partial}{\partial x}[\lambda(\rho, T)\theta] = 0,\\ &\frac{\partial \Pi}{\partial y} - \rho(Y_i + Y_e - \gamma_y) - \frac{\partial}{\partial y}[\lambda(\rho, T)\theta] = 0,\\ &\frac{\partial \Pi}{\partial z} - \rho(Z_i + Z_e - \gamma_z) - \frac{\partial}{\partial z}[\lambda(\rho, T)\theta] = 0,\end{aligned}\right.$$

$$(14)\quad \Pi + \rho^2(\Lambda_i + \Lambda_e) - \rho^2 \frac{\partial \zeta(\rho, T)}{\partial \rho} = 0.$$

Selon les égalités (57) de la première Partie, les grandeurs p_x, p_y, p_z se réduiront à

$$(15)\quad \left\{\begin{aligned} p_x &= \lambda(\rho, T)\theta\cos(n_i, x),\\ p_y &= \lambda(\rho, T)\theta\cos(n_i, y),\\ p_z &= \lambda(\rho, T)\theta\cos(n_i, z).\end{aligned}\right.$$

Si un élément dS de la surface qui limite le fluide est soumis à une force dont les composantes sont $P_x\,dS$, $P_y\,dS$, $P_z\,dS$, on devra avoir, en vertu de ces égalités (15) et des égalités (76) de la première Partie,

$$(16)\quad \left\{\begin{aligned} \Pi\cos(n_i, x) &= P_x + \lambda(\rho, T)\cos(n_i, x),\\ \Pi\cos(n_i, y) &= P_y + \lambda(\rho, T)\cos(n_i, y),\\ \Pi\cos(n_i, z) &= P_z + \lambda(\rho, T)\cos(n_i, z),\end{aligned}\right.$$

ce qui nous apprend que le vecteur P_x, P_y, P_z doit être normal à la surface S.

Enfin, les égalités (15) nous enseignent que le vecteur p_x, p_y, p_z doit être, en tout point, normal à la surface qui limite le fluide; cette proposition simplifie singulièrement la discussion de ce qui se passe à la surface de contact d'un solide et d'un fluide ou à la surface de contact de deux fluides. Il est inutile d'examiner si, le long d'une telle surface, il se produit une viscosité ($f < 0$), mais point de frottement ($\mathfrak{G} = 0$) ou bien, au contraire, si les deux corps au contact frottent l'un sur l'autre ($\mathfrak{G} < 0$). Ce que nous avons vu au Chapitre II de la quatrième Partie nous enseigne que, quelle que soit l'hypothèse faite, les deux corps resteront soudés l'un à l'autre le long de leur surface de contact. Si u_1, v_1, w_1 sont les composantes de la vitesse en un point de l'un des deux corps et u_2, v_2, w_2 les composantes de la vitesse en un point de l'autre corps, on aura, en tout point de leur surface de contact,

$$(17)\quad u_1 = u_2, \qquad v_1 = v_2, \qquad w_1 = w_2.$$

Les résultats auxquels nous venons de parvenir peuvent se mettre sous une forme peu différente, mais susceptible d'une interprétation intéressante.

Posons

$$(18) \qquad P = \Pi - \lambda(\rho, T)\left(\frac{\partial u}{\partial x} + \frac{\partial v}{\partial y} + \frac{\partial w}{\partial z}\right).$$

Les équations (13) deviendront

$$(19) \qquad \begin{cases} \dfrac{\partial P}{\partial x} - \rho(X_i + X_e - \gamma_x) = 0, \\ \dfrac{\partial P}{\partial y} - \rho(X_i + X_e - \gamma_y) = 0, \\ \dfrac{\partial P}{\partial z} - \rho(X_i + X_e - \gamma_z) = 0. \end{cases}$$

Les équations (16) deviendront

$$(20) \qquad P_x = P\cos(n_i, x), \qquad P_y = P\cos(n_i, y), \qquad P_z = P\cos(n_i, z).$$

Enfin, l'équation (14) deviendra

$$P + \rho^2(A_i + A_e) - \rho^2\frac{\partial\zeta(\rho, T)}{\partial\rho} + \lambda(\rho, T)\left(\frac{\partial u}{\partial x} + \frac{\partial v}{\partial y} + \frac{\partial w}{\partial z}\right) = 0$$

ou bien, en vertu de la première égalité (7),

$$(21) \qquad P + \rho^2(A_i + A_e) - \rho^2\frac{\partial\zeta(\rho, T)}{\partial\rho} - \frac{\lambda(\rho, T)}{\rho}\frac{d\rho}{dt} = 0.$$

Les relations (19) et (20) ont exactement la même forme qu'en un fluide parfait où P serait la pression. Seule l'égalité (21) a une forme différente de celle qu'elle aurait en un tel fluide parfait; elle en diffère par la présence, au premier membre, du terme $-\dfrac{\lambda(\rho, T)}{\rho}\dfrac{d\rho}{dt}$. On peut donc, si l'on veut, énoncer la proposition suivante :

Les équations du mouvement d'un fluide visqueux ne diffèrent des équations du mouvement d'un fluide parfait que par la forme de l'équation dite de compressibilité et de dilatation; *l'équation relative aux fluides visqueux se tire de l'équation relative aux fluides parfaits en retranchant de la pression le terme* $\dfrac{\lambda(\rho, T)}{\rho}\dfrac{d\rho}{dt}$.

Bornons-nous à considérer le cas où les actions qui s'exercent sur le fluide sont newtoniennes; on a alors

$$A_i = 0, \qquad A_e = 0,$$

et l'équation (21) se réduit à la forme

$$P - \rho^2 \frac{\partial \zeta(\rho, T)}{\partial \rho} - \frac{\lambda(\rho, T)}{\rho} \frac{d\rho}{dt} = 0. \tag{22}$$

Les lois du mouvement d'un fluide compressible, visqueux, soumis à des actions newtoniennes, ne diffèrent qu'en un point des lois du mouvement d'un fluide compressible, parfait, soumis aux mêmes actions; il n'existe plus de relation en termes finis entre la densité ρ, la pression P et la température T; cette relation est remplacée par une équation différentielle qui, à la densité ρ, à la pression P et à la température T, relie la vitesse $\frac{d\rho}{dt}$ avec laquelle varie la densité.

A cette manière de concevoir les fluides visqueux nous étions parvenus dès 1898 (1).

Discutons l'égalité (22).

Soit ρ_0 la densité qu'aurait le fluide sous la pression P, à la température T, si la viscosité n'existait pas; cette densité ρ_0, donnée par l'égalité

$$P - \rho_0^2 \frac{\partial \zeta(\rho_0, T)}{\partial \rho_0} = 0, \tag{23}$$

est la densité que prendrait le fluide *en équilibre* sous la pression P, à la température T.

En désignant par ρ' une certaine valeur de ρ comprise entre ρ et ρ_0, on peut écrire, en vertu des égalités (22) et (23),

$$(\rho_0 - \rho) \frac{\partial}{\partial \rho'} \left[\rho'^2 \frac{\partial \zeta(\rho', T)}{\partial \rho'}\right] - \frac{\lambda(\rho, T)}{\rho} \frac{d\rho}{dt} = 0. \tag{24}$$

Pour maintenir le fluide en équilibre à la température T et avec la densité ρ', il faut le soumettre à une pression Π que donne l'égalité

$$\Pi = \rho'^2 \frac{\partial \zeta(\rho', T)}{\partial \rho'}.$$

Cette égalité peut être considérée comme une équation définissant ρ' en fonction de Π et de T; si, sans faire varier T, on fait croître Π de $d\Pi$, cette fonction croît de $\left(\frac{d\rho'}{d\Pi}\right)_T d\Pi$, et l'on a

$$\left(\frac{d\rho'}{d\Pi}\right)_T = \frac{1}{\frac{\partial}{\partial \rho'}\left[\rho'^2 \frac{\partial \zeta(\rho', T)}{\partial \rho'}\right]} = F(\rho', T). \tag{25}$$

(1) *Traité élémentaire de Mécanique chimique fondée sur la Thermodynamique*, Livre IV, Chap. I, § 7, t. II, p. 163. Paris, 1898.

Selon l'égalité (25), l'égalité (24) devient

$$(26) \qquad \frac{d\rho}{dt} = -\frac{\rho}{\lambda(\rho, T) F(\rho', T)}(\rho - \rho_0).$$

L'inégalité (18) nous enseigne que $\lambda(\rho, T)$ est essentiellement positif; d'autre part, nous savons que, pour un fluide susceptible d'équilibres stables, la quantité

$$\left(\frac{d\rho}{d\Pi}\right)_T = F(\rho, T)$$

doit être essentiellement positive [1].

L'égalité (26) nous enseigne donc que $\frac{d\rho}{dt}$ est constamment de signe contraire à $(\rho - \rho_0)$; d'où la proposition suivante :

En chaque point d'un fluide compressible parfait, où la température est T *et la pression* P, *la densité* ρ *a, à chaque instant du mouvement, la valeur* ρ_0 *qu'elle aurait au sein d'un fluide homogène, en équilibre à la température* T *et sous la pression uniforme* P. *Il n'en est plus de même au sein d'un fluide visqueux en mouvement; mais, pour chaque point matériel et à chaque instant, la vitesse de variation de la densité est d'un sens tel qu'elle tende à rapprocher la densité* ρ *de la valeur de* ρ_0 *qui convient à ce point et à cet instant.*

Supposons que la compressibilité du fluide, mesurée par la fonction $F(\rho, T)$, ne soit pas extrêmement grande dans les conditions où se trouve le fluide étudié et que le coefficient de viscosité $\lambda(\rho, T)$ ait une très petite valeur. Si $(\rho - \rho_0)$ n'a pas une très petite valeur absolue, l'équation (26) donnera pour $\frac{d\rho}{dt}$ une très grande valeur absolue; mais la première égalité (7) montre qu'il n'en peut être ainsi, dans le cas où les composantes u, v, w de la vitesse ne varient pas très rapidement d'un point au point voisin. Nous pouvons donc énoncer le théorème suivant :

Au sein d'un fluide peu visqueux où la vitesse n'éprouve pas de très grandes variations lorsque l'on passe d'un point au point voisin, la densité ρ, *en chaque point et à chaque instant, diffère très peu de la valeur* ρ_0 *qui correspond au même point et au même instant.*

On voit bien ainsi comment les fluides parfaits sont la forme limite des fluides peu visqueux.

Pour établir plus simplement les diverses propositions que nous venons

---

(1) *Sur la stabilité de l'équilibre d'une masse fluide dont les éléments sont soumis à leurs actions mutuelles* [*Journal de Mathématiques pures et appliquées*, 5e série, t. III, p. 174, condition (63); 1897].

d'énoncer, nous avons supposé que le fluide était soumis à des actions newtoniennes; mais cette restriction n'est pas essentielle et nous pouvons ne pas la faire.

Considérons les fonctions $\mathcal{A}_i(R, x, y, z, t)$, $\mathcal{A}_e(R, x, y, z, t)$ (Ire Partie, Chap. I, § 4) dans lesquelles il suffit de faire

$$R = \rho(x, y, z, t)$$

pour obtenir les fonctions $A_i(x, y, z, t)$, $A_e(x, y, z, t)$.

L'égalité (148) peut s'écrire

$$P + \rho^2[\mathcal{A}_i(\rho, x, y, z, t) + \mathcal{A}_e(\rho, x, y, z, t)] - \rho^2 \frac{\partial \zeta(\rho, T)}{\partial \rho} - \frac{\lambda(\rho, T)}{\rho}\frac{d\rho}{dt} = 0.$$

Considérons, d'autre part, la fonction $\rho_0(x, y, z, t)$ que définit l'équation

$$P + \rho_0^2[\mathcal{A}_i(\rho_0, x, y, z, t) + \mathcal{A}_e(\rho_0, x, y, z, t)] - \rho_0^2 \frac{\partial \zeta(\rho_0, T)}{\partial \rho_0} = 0,$$

lorsqu'on y remplace P et T par leurs expressions en fonctions de x, y, z, t. Retranchons ces deux équations membre à membre. Si nous désignons par $\rho'(x, y, z, t)$ une valeur comprise entre $\rho(x, y, z, t)$ et $\rho_0(x, y, z, t)$, le résultat obtenu pourra s'écrire

$$(27)\quad \left\{ \begin{aligned} & 2\rho'\left[\mathcal{A}_i(\rho', x, y, z, t) + \mathcal{A}_e(\rho', x, y, z, t) - \frac{\partial \zeta(\rho', T)}{\partial \rho'}\right] \\ & + \rho'^2\left[\frac{\partial \mathcal{A}_i(\rho', x, y, z, t)}{\partial \rho'} + \frac{\partial \mathcal{A}_e(\rho', x, y, z, t)}{\partial \rho'} - \frac{\partial^2 \zeta(\rho', T)}{\partial \rho'^2}\right] \right\}(\rho - \rho_0) - \frac{\lambda(\rho, T)}{\rho}\frac{d\rho}{dt} = 0.$$

Mais nous avons admis, à plusieurs reprises (Ire Partie, Chap. I, § 11), que, pour toute valeur de ρ' comprise parmi celles que peut atteindre la densité du fluide, on avait l'inégalité

$$\begin{aligned} & 2\rho'\left[\mathcal{A}_i(\rho', x, y, z, t) + \mathcal{A}_e(\rho', x, y, z, t) - \frac{\partial \zeta(\rho', T)}{\partial \rho'}\right] \\ & + \rho'^2\left[\frac{\partial \mathcal{A}_i(\rho', x, y, z, t)}{\partial \rho'} + \frac{\partial \mathcal{A}_e(\rho', x, y, z, t)}{\partial \rho'} - \frac{\partial^2 \zeta(\rho', T)}{\partial \rho'^2}\right] < 0. \end{aligned}$$

Dès lors, il est aisé de déduire de l'égalité (27) des conclusions semblables à celles que nous avons déduites de l'égalité (26).

§ 4. — Retour aux formules générales de la viscosité. Combinaison des considérations précédentes et de l'hypothèse de Stokes.

Selon ce que nous avons vu au Paragraphe 2, le physicien qui, dans ses raisonnements, demeurerait fermement attaché à la définition du mot *fluide* serait conduit à cette conséquence : un fluide incompressible ne peut pas être visqueux.

Cette conséquence suffit à prouver que les propriétés des corps que l'expérimentateur nomme *fluides visqueux* ne peuvent être représentées par une théorie où l'on regarderait ces corps comme étant rigoureusement fluides. Force nous est de traiter les fluides visqueux comme des milieux élastiques, mais comme des milieux élastiques très aisément déformables.

Sans approfondir ici cette notion, que nous retrouvons en un autre travail, nous remarquerons que l'on peut, sans absurdité, regarder le potentiel interne du système comme différant très peu du potentiel interne d'un fluide proprement dit, tandis que le calcul du travail de viscosité exigerait que l'on tînt compte des déformations de chaque élément. On est alors conduit aux équations qui ont été développées au Chapitre I de la première Partie de ces *Recherches;* mais ces équations apparaissent comme des formules approchées, et non plus comme des lois rigoureuses. Ce caractère entraîne l'illégitimité de certaines déductions, par exemple de la démonstration du théorème de Lagrange donnée en la cinquième Partie de ces *Recherches,* au Paragraphe 1 du Chapitre I.

Ces remarques, qui nous ramènent aux équations générales de la viscosité, ne font cependant pas disparaître l'intérêt des considérations qui ont été développées au Paragraphe précédent.

Posons

$$P = \Pi - \frac{3\lambda(\rho, T) + 2\mu(\rho, T)}{3}\left(\frac{\partial u}{\partial x} + \frac{\partial v}{\partial y} + \frac{\partial w}{\partial z}\right) \tag{28}$$

et les lois du mouvement des fluides visqueux, développées au Chapitre I de la première Partie de nos *Recherches,* pourront être présentées sous la forme suivante :

1° En tout point de la surface qui limite le fluide, on a [*loc. cit.*, égalités (57) et (76)]

$$(29)\quad \begin{cases} P_x = P\cos(n,x) - \mu\left[2\left(\frac{\partial u}{\partial x} - \frac{\theta}{3}\right)\cos(n,x) + \left(\frac{\partial v}{\partial x} + \frac{\partial u}{\partial y}\right)\cos(n,y) + \left(\frac{\partial u}{\partial z} + \frac{\partial w}{\partial x}\right)\cos(n,z)\right], \\ P_y = P\cos(n,y) - \mu\left[\left(\frac{\partial v}{\partial x} + \frac{\partial u}{\partial y}\right)\cos(n,x) + 2\left(\frac{\partial v}{\partial y} - \frac{\theta}{3}\right)\cos(n,y) + \left(\frac{\partial w}{\partial y} + \frac{\partial v}{\partial z}\right)\cos(n,z)\right], \\ P_z = P\cos(n,z) - \mu\left[\left(\frac{\partial u}{\partial z} + \frac{\partial w}{\partial x}\right)\cos(n,x) + \left(\frac{\partial w}{\partial y} + \frac{\partial u}{\partial z}\right)\cos(n,y) + 2\left(\frac{\partial w}{\partial z} - \frac{\theta}{3}\right)\cos(n,z)\right]; \end{cases}$$

2° En tout point du fluide, on a [*loc. cit.*, égalités (49), (51) et (74)]

$$(30)\quad \begin{cases} \frac{\partial P}{\partial x} - \rho(X_i + X_e - \gamma_x) - 2\frac{\partial}{\partial x}\mu\left(\frac{\partial u}{\partial x} - \frac{\theta}{3}\right) - \frac{\partial}{\partial y}\mu\left(\frac{\partial v}{\partial x} + \frac{\partial u}{\partial y}\right) - \frac{\partial}{\partial z}\mu\left(\frac{\partial u}{\partial z} + \frac{\partial w}{\partial x}\right) = 0, \\ \frac{\partial P}{\partial y} - \rho(Y_i + Y_e - \gamma_y) - \frac{\partial}{\partial x}\mu\left(\frac{\partial v}{\partial x} + \frac{\partial u}{\partial y}\right) - 2\frac{\partial}{\partial y}\mu\left(\frac{\partial v}{\partial y} - \frac{\theta}{3}\right) - \frac{\partial}{\partial z}\mu\left(\frac{\partial w}{\partial y} + \frac{\partial u}{\partial z}\right) = 0, \\ \frac{\partial P}{\partial z} - \rho(Z_i + Z_e - \gamma_z) - \frac{\partial}{\partial x}\mu\left(\frac{\partial u}{\partial z} + \frac{\partial w}{\partial x}\right) - \frac{\partial}{\partial y}\mu\left(\frac{\partial w}{\partial y} + \frac{\partial u}{\partial z}\right) - 2\frac{\partial}{\partial z}\mu\left(\frac{\partial w}{\partial z} - \frac{\theta}{3}\right) = 0; \end{cases}$$

3° En tout point du fluide, également, en vertu de l'égalité (75) de la première Partie de ces *Recherches* et de l'égalité (28) de la présente Partie, on a

$$P + \rho^2(\Lambda_i + \Lambda_e) - \rho^2 \frac{\partial \zeta(\rho, T)}{\partial \rho} + \frac{3\lambda(\rho, T) + 2\mu(\rho, T)}{3}\left(\frac{\partial u}{\partial x} + \frac{\partial v}{\partial y} + \frac{\partial w}{\partial z}\right) = 0$$

ou bien, en vertu de l'égalité (7),

$$P + \rho^2(\Lambda_i + \Lambda_e) - \rho^2 \frac{\partial \zeta(\rho, T)}{\partial \rho} - \frac{3\lambda(\rho, T) + 2\mu(\rho, T)}{3\rho}\frac{d\rho}{dt} = 0. \tag{31}$$

Pour un instant, faisons abstraction de l'égalité (31) et ne considérons que les égalités (29) et (30); ces égalités sont précisément celles que nous aurions obtenues si nous avions étudié un fluide visqueux pour lequel la fonction $\mu(\rho, T)$ aurait la même valeur que pour le fluide dont nous nous occupons, mais au sein duquel l'hypothèse de Stokes, exprimée par l'égalité (4), serait vérifiée; la pression serait seulement représentée par la lettre P dans nos dernières formules, au lieu d'y être représentée par la lettre Π.

En chaque point de la surface de contact du fluide qui nous occupe et d'une paroi solide nous avons

$$\left\{\begin{aligned}
p_x &= \frac{3\lambda + 2\mu}{3}\theta\cos(n,x) + \mu\left[2\left(\frac{\partial x}{\partial u} - \frac{\theta}{3}\right)\cos(n,x) + \left(\frac{\partial v}{\partial x} + \frac{\partial u}{\partial y}\right)\cos(n,y) + \left(\frac{\partial u}{\partial z} + \frac{\partial w}{\partial x}\right)\cos(n,z)\right],\\
p_y &= \frac{3\lambda + 2\mu}{3}\theta\cos(n,y) + \mu\left[\left(\frac{\partial v}{\partial x} + \frac{\partial u}{\partial y}\right)\cos(n,x) + 2\left(\frac{\partial v}{\partial y} - \frac{\theta}{3}\right)\cos(n,y) + \left(\frac{\partial w}{\partial y} + \frac{\partial v}{\partial z}\right)\cos(n,z)\right],\\
p_z &= \frac{3\lambda + 2\mu}{3}\theta\cos(n,z) + \mu\left[\left(\frac{\partial u}{\partial z} + \frac{\partial w}{\partial x}\right)\cos(n,x) + \left(\frac{\partial w}{\partial y} + \frac{\partial v}{\partial z}\right)\cos(n,y) + 2\left(\frac{\partial w}{\partial z} - \frac{\theta}{3}\right)\cos(n,z)\right].
\end{aligned}\right. \tag{32}$$

Que si l'on propose de calculer la projection du vecteur (p_x, p_y, p_z) sur la surface, on obtiendra le même résultat que si l'on avait pris simplement

$$\left\{\begin{aligned}
p_x &= \mu\left[2\left(\frac{\partial u}{\partial x} - \frac{\theta}{3}\right)\cos(n,x) + \left(\frac{\partial v}{\partial x} + \frac{\partial u}{\partial y}\right)\cos(n,y) + \left(\frac{\partial u}{\partial z} + \frac{\partial w}{\partial x}\right)\cos(n,z)\right],\\
p_y &= \mu\left[\left(\frac{\partial v}{\partial x} + \frac{\partial u}{\partial y}\right)\cos(n,x) + 2\left(\frac{\partial v}{\partial y} - \frac{\theta}{3}\right)\cos(n,y) + \left(\frac{\partial w}{\partial y} + \frac{\partial v}{\partial z}\right)\cos(n,z)\right],\\
p_z &= \mu\left[\left(\frac{\partial u}{\partial z} + \frac{\partial w}{\partial x}\right)\cos(n,x) + \left(\frac{\partial w}{\partial y} + \frac{\partial v}{\partial z}\right)\cos(n,y) + 2\left(\frac{\partial w}{\partial z} - \frac{\theta}{3}\right)\cos(n,z)\right].
\end{aligned}\right. \tag{33}$$

Or ces dernières égalités sont celles que l'on obtiendrait si l'on admettait l'hypothèse de Stokes. D'ailleurs l'étude de l'adhérence ou du glissement du fluide sur la paroi solide dépend uniquement de la projection du vecteur (p_x, p_y, p_z) sur cette paroi; cette étude est donc la même en nos deux problèmes.

Ainsi, *un fluide visqueux quelconque est, de tout point, comparable à un fluide au sein duquel la relation de Stokes*

$$(4) \qquad 3\lambda(\rho, T) + 2\mu(\rho, T) = 0$$

serait vérifiée, mais où la densité en chaque point, au lieu de dépendre uniquement de la pression P *et de la température* T *en ce point, et d'en dépendre par la même relation*

$$(14\ bis) \qquad P + \rho^2(A_i + A_e) - \rho^2 \frac{\partial \zeta(\rho, T)}{\partial \rho} = 0$$

que si le fluide était en équilibre, doit vérifier à chaque instant la relation

$$(31) \qquad P + \rho^2(A_i + A_e) - \rho^2 \frac{\partial \zeta(\rho, T)}{\partial \rho} - \frac{3\lambda(\rho, T) + 2\mu(\rho, T)}{3\rho} \frac{d\rho}{dt} = 0.$$

Cette relation (31) prête évidemment à toutes les considérations qui ont été développées au sujet de la relation (21).

CHAPITRE II.

LES PHÉNOMÈNES DE VISCOSITÉ AU VOISINAGE DE L'ÉTAT CRITIQUE.

§ 1. — Les effets de la viscosité, au voisinage du point critique, en un corps rigoureusement fluide.

La discussion, donnée au Paragraphe 3 du Chapitre précédent, de la relation (21) et des relations (22), (24) et (26) qui s'y rattachent, est liée à cette hypothèse : La quantité $\left(\frac{d\rho'}{d\Pi}\right)_T$ ne prend pas des valeurs extrêmement grandes. La même restriction pèserait évidemment sur la discussion de l'égalité (31), laquelle devrait être menée exactement comme la discussion de l'égalité (21). Or cette hypothèse n'est pas vérifiée en toutes circonstances; *lorsque la température* T *et la densité* ρ' *du fluide tendent vers la température critique et la densité critique du fluide, la quantité* $\left(\frac{d\rho'}{d\Pi}\right)_T$ *croît au delà de toute limite.*

Nous sommes donc amenés à compléter l'étude faite au Chapitre précédent en examinant les propriétés d'un corps compressible visqueux où

$$\left(\frac{d\rho'}{d\Pi}\right)_T = F(\rho', T)$$

a de très grandes valeurs.

Comme au Chapitre précédent, pour rendre cette discussion plus claire, nous imaginerons tout d'abord que le corps étudié se conforme rigoureusement à la définition du mot *fluide*, qui entraîne l'égalité

$$(12) \qquad \mu(\rho, T) = 0.$$

Nous étendrons ensuite les résultats obtenus aux corps que l'on traite habituellement comme fluides visqueux.

Dans ce qui va suivre, nous supposerons qu'en tout point du fluide et à tout instant :

La température T *soit assez voisine de la température critique,*

Les densités ρ, ρ_0 *et, partant, la densité intermédiaire* ρ' *assez voisines de la densité critique,*

Pour que la fonction $F(\rho', T)$ *soit, en chaque point du fluide et à chaque instant, très grande par rapport à* $\frac{1}{\lambda(\rho, T)}$.

Dès lors, le produit $F(\rho', T)\lambda(\rho, T)$ ayant une très grande valeur, à une valeur finie de la différence $(\rho - \rho_0)$ l'égalité (26) fera correspondre une valeur extrêmement petite de $\frac{d\rho}{dt}$.

Ainsi donc, moyennant les suppositions indiquées, *la densité d'un élément fluide varie avec une extrême lenteur bien que sa valeur diffère notablement de la valeur qui conviendrait à l'équilibre dans les conditions de température et de pression où se trouve cet élément.*

Dès lors, rien n'empêche que l'on observe au sein du fluide des ÉTATS DE QUASI-ÉQUILIBRE; *en un tel état, les trois composantes de la vitesse sont très petites en chaque point et à chaque instant; cependant la densité en ce point et à cet instant diffère notablement de celle que l'équation d'équilibre ferait correspondre à la température et à la pression qui règnent en ce point et à cet instant.*

En un tel état, on a approximativement

$$\gamma_x = 0, \qquad \gamma_y = 0, \qquad \gamma_z = 0.$$

D'ailleurs, comme les forces agissantes sont supposées newtoniennes, il existe deux fonctions $V_i(x, y, z, t)$, $V_e(x, y, z, t)$ telles que

$$X_i = -\frac{\partial V_i}{\partial x}, \quad Y_i = -\frac{\partial V_i}{\partial y}, \quad Z_i = -\frac{\partial V_i}{\partial z},$$

$$X_e = -\frac{\partial V_e}{\partial x}, \quad Y_e = -\frac{\partial V_e}{\partial y}, \quad Z_e = -\frac{\partial V_e}{\partial z}.$$

Les équations (146) se résument alors dans l'égalité approximative

$$dP + \rho\, d(V_i + V_e) = 0.$$

Cette égalité nous montre que l'on a approximativement

$$\rho = f(V_i + V_e).$$

Dans un état de quasi-équilibre, la distribution des densités au sein du fluide est telle que les points situés sur une même surface de niveau aient sensiblement la même densité.

En particulier, si les forces agissantes se réduisent à la pesanteur, le fluide en quasi-équilibre sera formé de couches horizontales dont chacune aura sensiblement la même densité en tout point.

Un tel état ne sera pas un état permanent; la densité qui correspond à chaque élément fluide variera très lentement jusqu'au moment où la densité aura, en chaque point, la valeur ρ_0 que l'équation

$$(23) \qquad P - \rho_0^2 \frac{\partial \zeta(\rho_0)}{\partial \rho_0} = 0$$

fait correspondre à la pression P et à la température T qui règnent en ce point.

Au lieu d'observer le système à l'état de quasi-équilibre, on peut l'observer animé d'un mouvement sensible; les composantes γ_x, γ_y, γ_z de l'accélération doivent alors figurer dans les équations (19), car elles ont des valeurs notables. La densité de chaque élément matériel varie avec une extrême lenteur; si l'on considère deux instants, t_0, t, qui ne sont pas très éloignés l'un de l'autre, un même élément matériel a sensiblement même densité à l'instant t_0 et à l'instant t.

Considérons l'état du fluide à un instant t_0 et, selon le procédé de Lagrange, caractérisons chaque point matériel par ses coordonnées a, b, c à cet instant; à ce même instant, la distribution des densités au sein du fluide est quelconque; $r(a, b, c)$ est la densité du point matériel (a, b, c).

Proposons-nous d'étudier le mouvement du fluide à partir de l'instant t_0, et pendant un laps de temps qui ne soit pas très long. Pour déterminer ce mouvement, nous devons faire usage des équations (19), que nous pourrons mettre sous la forme employée par Lagrange :

$$\frac{\partial P}{\partial a}+\rho\left(\frac{\partial V_i}{\partial a}+\frac{\partial V_e}{\partial a}\right)+\rho\left(\frac{\partial x}{\partial a}\frac{\partial^2 x}{\partial t^2}+\frac{\partial y}{\partial a}\frac{\partial^2 y}{\partial t^2}+\frac{\partial z}{\partial a}\frac{\partial^2 z}{\partial t^2}\right)=0,$$

$$\frac{\partial P}{\partial b}+\rho\left(\frac{\partial V_i}{\partial b}+\frac{\partial V_e}{\partial b}\right)+\rho\left(\frac{\partial x}{\partial b}\frac{\partial^2 x}{\partial t^2}+\frac{\partial y}{\partial b}\frac{\partial^2 y}{\partial t^2}+\frac{\partial z}{\partial b}\frac{\partial^2 z}{\partial t^2}\right)=0,$$

$$\frac{\partial P}{\partial c}+\rho\left(\frac{\partial V_i}{\partial c}+\frac{\partial V_e}{\partial c}\right)+\rho\left(\frac{\partial x}{\partial c}\frac{\partial^2 x}{\partial t^2}+\frac{\partial y}{\partial c}\frac{\partial^2 y}{\partial t^2}+\frac{\partial z}{\partial c}\frac{\partial^2 z}{\partial t^2}\right)=0.$$

En outre, nous devrons considérer l'équation de continuité, mise également sous la forme de Lagrange,

$$\frac{\partial}{\partial t}\rho D=0.$$

Enfin, tant que la différence $(t-t_0)$ n'excédera pas une certaine limite, nous aurons sensiblement

$$\rho(a, b, c, t)=r(a, b, c).$$

Cette égalité jouera le rôle d'équation supplémentaire et ramènera l'équation de continuité à la forme

$$\frac{\partial D}{\partial t}=0.$$

Il est un problème, très différent du précédent au point de vue de la Physique, mais qui se traduit exactement par des équations de même forme; ce dernier problème peut donc servir à *illustrer* le premier; voici ce problème :

Dans un fluide incompressible, un corps est dissous; la concentration a, pour les divers éléments matériels, des valeurs très différentes et, comme la densité est fonction de la concentration, il en est de même de la densité.

On suppose que le corps dissous se diffuse dans le dissolvant avec une extrême lenteur; si l'on désigne par s la concentration qui correspond à un élément déterminé du dissolvant, $\frac{ds}{dt}$ aura, pour cet élément, une très petite valeur; il en sera de même de $\frac{d\rho}{dt}$.

Considérons le fluide à un instant t_0; soient, à cet instant, a, b, c les coordonnées d'un élément du dissolvant, coordonnées dont la connaissance permettra à tout instant de reconnaître cet élément; la densité, au sein de cet élément, est $r(a, b, c)$ à l'instant t_0 et $\rho(a, b, c, t)$ à l'instant t; si le laps de temps $(t-t_0)$ n'est pas extrêmement grand, $\rho(a, b, c, t)$ diffère très peu de $r(a, b, c)$, et le mouvement au sein de la dissolution est régi par les équations précédemment écrites.

Tous ceux qui ont observé, au sein d'un fluide, les stries et les traînées qui se manifestent au voisinage du point critique; qui ont observé également les mouvements qui se produisent au sein d'une dissolution de concentration très peu uniforme, ont pu remarquer l'extrême ressemblance de ces phénomènes. L'analyse précédente précise cette analogie.

La variation de la densité ρ d'un fluide dont l'état avoisine l'état critique, ordinairement très lente, prend une vitesse notable si l'on agite vivement le liquide. Les considérations précédentes permettent encore de rendre compte de ce fait.

Un certain espace contient un fluide que nous supposons dans un état de quasi-équilibre, en sorte que nous avons sensiblement

$$\gamma_x = 0, \qquad \gamma_y = 0, \qquad \gamma_z = 0.$$

Les équations (19) se réduisent alors à

$$\frac{\partial P}{\partial x} = \rho(X_i + X_e), \qquad \frac{\partial P}{\partial y} = \rho(Y_i + Y_e), \qquad \frac{\partial P}{\partial z} = \rho(Z_i + Z_e).$$

Supposons les sommes $(X_i + X_e)$, $(Y_i + Y_e)$, $(Z_i + Z_e)$ assez petites pour que les variations de P, d'un point à l'autre de l'espace considéré, soient très petites; cela aura lieu, en particulier, si l'espace considéré a les dimensions généralement employées dans les recherches sur le point critique et si le champ agissant se réduit à celui de la pesanteur. Toutes les valeurs de P sont supposées voisines de la pression critique.

La température est également supposée presque uniforme dans l'espace considéré et, partout, très voisine de la température critique.

La densité ρ_0, donnée par l'égalité (23), n'en présente pas moins, au sein de l'espace considéré, des variations notables; mais, visiblement, toutes les valeurs de ρ_0 au sein de cet espace demeurent au nombre de celles pour lesquelles $F(\rho_0, T)$ a une valeur extrêmement grande.

Pour que notre état de quasi-équilibre soit possible il faut que les valeurs de ρ, aux divers points de l'espace considéré, soient aussi telles que $F(\rho, T)$ ait une valeur extrêmement grande; nous supposerons qu'il en soit ainsi.

Si l'on désigne par ε la valeur très petite que prend le produit $\frac{\lambda(\rho, T)}{\rho}\frac{d\rho}{dt}$, pour un élément matériel donné, en cet état d'équilibre, on a, selon l'égalité (22),

$$P - \rho^2 \frac{\partial \zeta(\rho, T)}{\partial \rho} = \varepsilon. \tag{34}$$

Supposons qu'on laisse cet état de quasi-équilibre non troublé jusqu'à l'instant t. A partir de ce moment, on produit dans l'espace considéré une vive agitation.

Considérons un instant t', postérieur à t, et tel que la différence $(t'-t)$ ne soit pas très grande.

A l'instant t', les composantes $\gamma_x, \gamma_y, \gamma_z$ ont, en général, aux divers points du fluide, des valeurs notables que nous supposerons grandes par rapport aux X, Y, Z; si, par exemple, la seule force agissante est la pesanteur, $\gamma_x, \gamma_y, \gamma_z$ seront supposés grands par l'intensité de la pesanteur; selon les égalités (19), il en sera de même de $\frac{\partial P}{\partial x}, \frac{\partial P}{\partial y}, \frac{\partial P}{\partial z}$; P subira donc, d'un point à l'autre de l'espace, des variations notables; sa valeur ne pourra être partout très voisine de la pression critique.

Dès lors, à l'instant t', pour un élément matériel donné, P a, en général, une valeur P' notablement différente de la valeur prise par la même grandeur, pour le même élément, à l'instant t, cette dernière différant très peu de la pression critique.

Quant à la température T' au sein de l'élément considéré, à l'instant t', nous supposerons qu'elle continue à différer très peu de la température critique et, partant, de T.

S'il en est ainsi, on voit sans peine que $\frac{d\rho}{dt}$ n'a pu, pour l'élément considéré, demeurer sans cesse très petit de l'instant t à l'instant t'.

En effet, nous avons à l'instant t', pour l'élément considéré,

$$P' - \rho'^2 \frac{\partial \zeta(\rho', T')}{\partial \rho'} = \frac{\lambda(\rho', T')}{\rho'} \frac{d\rho'}{dt'}. \tag{22 bis}$$

Si, à l'instant t', $\frac{d\rho'}{dt'}$ a une valeur notable, la proposition est démontrée, il nous reste donc à examiner le cas où $\frac{d\rho'}{dt'}$ a une très petite valeur, cas auquel $\frac{\lambda(\rho', T')}{\rho'} \frac{d\rho'}{dt'}$ a aussi une très petite valeur que nous désignerons par ε'.

Les égalités (22 *bis*) et (34) nous donnent

$$P' - P + \rho'^2 \frac{\partial \zeta(\rho', T')}{\partial \rho'} - \rho^2 \frac{\partial \zeta(\rho, T)}{\partial \rho} = \varepsilon' - \varepsilon.$$

D'ailleurs, T' différant très peu de T, et $\frac{\partial^2 \zeta(\rho, T)}{\partial \rho \, \partial T}$ n'étant jamais extrêmement grand, $\rho'^2 \frac{\partial \zeta(\rho', T')}{\partial \rho'}$ diffère extrêmement peu de $\rho'^2 \frac{\partial \zeta(\rho', T)}{\partial \rho'}$. Si donc nous désignons par η une très petite grandeur, l'égalité précédente devient

$$P' - P + \rho'^2 \frac{\partial \zeta(\rho', T)}{\partial \rho'} - \rho^2 \frac{\partial \zeta(\rho, T)}{\partial \rho} = \eta$$

ou bien

$$P' - P + \int_t^{t'} \frac{\partial}{\partial\rho}\left[\rho^2 \frac{\partial\zeta(\rho, T)}{\partial\rho}\right] \frac{d\rho}{dt} dt = \eta.$$

η a une valeur très petite;

$(P' - P)$ a une valeur notable;

$\dfrac{\partial}{\partial\rho}\left[\rho^2 \dfrac{\partial\zeta(\rho, T)}{\partial\rho}\right]$ n'a une valeur très grande que pour un fluide très peu compressible, ce qui n'a pas lieu dans le cas étudié;

par hypothèse, $(t' - t)$ n'est pas extrêmement grand;

l'égalité précédente ne saurait avoir lieu si, entre les instants t et t', $\dfrac{d\rho}{dt}$ était demeuré toujours très petit.

Notre théorème est donc établi.

§ 2. — Extension des résultats précédents aux corps habituellement nommés fluides visqueux. — Comparaison avec les faits d'expérience.

Il n'est pas malaisé d'étendre les considérations précédentes aux corps que l'on nomme habituellement *fluides visqueux;* il suffit, en effet, de suivre la voie qui a été indiquée au Paragraphe 4 du Chapitre précédent. A l'égalité (22) nous devrons substituer l'égalité

$$(35) \qquad P - \rho^2 \frac{\partial\zeta(\rho, T)}{\partial\rho} - \frac{3\lambda(\rho, T) + 2\mu(\rho, T)}{3\rho} \frac{d\rho}{dt} = 0$$

qui est la forme prise par l'égalité (31) lorsque les actions sont newtoniennes; cette égalité (35) se discutera d'ailleurs comme l'égalité (22); elle nous montrera encore que, en un fluide dont l'état diffère très peu de l'état critique, la densité de chaque masse élémentaire ne varie qu'avec une extrême lenteur.

Si donc on étudie le mouvement du fluide pendant un laps de temps de peu de durée, on pourra regarder la densité de chacune des masses élémentaires comme sensiblement constante; le fluide se mouvra à peu près comme un fluide hétérogène et incompressible; mais ce dernier fluide, au lieu d'être dénué de viscosité comme il arrivait au Paragraphe précédent, sera ici un fluide visqueux; il sera inutile d'ajouter que les actions de viscosité vérifient, au sein de ce dernier fluide, l'hypothèse de Stokes, car en un fluide incompressible les équations de la viscosité sont indépendantes de la relation qui peut exister entre les fonctions $\lambda(\rho, T)$, $\mu(\rho, T)$.

Le *modèle* qui nous a servi à *illustrer* le mouvement d'un fluide compressible dont l'état avoisine l'état critique peut encore être employé, mais il doit être complété; nous devons supposer que notre dissolution mal mélangée et à diffusion lente est, en outre, une dissolution visqueuse. Ainsi complété, ce modèle fournit une image saisissante des stries et des traînées qui apparaissent, en un fluide, au voisinage de l'état critique.

De nombreux observateurs ont remarqué ces stries et ces traînées, ont étudié les états de quasi-équilibre que manifeste un fluide placé en des circonstances peu différentes des conditions critiques, ont remarqué l'extrême lenteur avec laquelle s'établissait l'équilibre proprement dit. Sans détailler tous les faits d'expérience qui ont été signalés, bornons nous à citer ceux qui les ont le plus soigneusement notés : ce sont MM. Cailletet et Colardeau (1), M. de Heen (2); le prince Boris Galitzine, soit seul (3), soit en collaboration avec M. J. Wilip (4); M. Gouy (5), M. F.-V. Dwelshauvers-Déry (6), M. Traube (7). Parmi ces nombreux travaux, ceux de M. Gouy méritent une mention spéciale; seuls, ils ont nettement mis en évidence la notion de *quasi-équilibre*.

Ces phénomènes ont donné lieu à des interprétations diverses et parfois assez étranges. Dès 1898 (8), nous avions indiqué sommairement les principes que nous venons de développer et qui nous paraissent rendre un compte satisfaisant des particularités que présente un fluide au voisinage de l'état critique; mais nous avions cru nécessaire de supposer que $\lambda(\rho, T)$ devenait infini au point critique; on voit, par ce qui précède, que cette supposition est inutile; pour que nos raisonnements vaillent, il suffit que $\lambda(\rho, T)$ (au § 1) ou que $[3\lambda(\rho, T) + 2\mu(\rho, T)]$ (au § 2) ne s'annule pas au point critique.

(1) Cailletet et Colardeau, *Journal de Physique*, 2e série, t. VIII, 1889, p. 389. — *Annales de Chimie et de Physique*, 6e série, t. XVIII, 1889, p. 269.

(2) De Heen, *Bulletin de l'Académie Royale de Belgique*, 3e série, t. XXIV, 1892, p. 267. — *Les légendes du point critique*, Liége, 1901. — *Les dernières mésaventures du point critique*, Liége, 1901.

(3) Boris Galitzine, *Wiedemann's Annalen*, Bd. L, 1893, p. 251.

(4) Boris Galitzine et J. Wilip, *Bulletin de l'Académie des Sciences de Saint-Pétersbourg*, t. XI, n° 3. — *Rapports présentés au Congrès international de Physique*, t. I, Paris, 1900, p. 668.

(5) Gouy, *Comptes rendus*, t. CXVI, 1893, p. 1289.

(6) F.-V. Dwelshauvers-Déry, *Bulletin de l'Académie Royale de Belgique*, 3e série, t. XXX, 1895, p. 570.

(7) Traube, *Drude's Annalen*, Bd. VIII, 1902, p. 267. — On trouvera un exposé très complet de ces recherches et des théories, distinctes de la présente explication, auxquelles elles ont donné lieu dans : E. Mathias, *Le point critique des corps purs*, Paris, 1904. Chapitre X.

(8) *Traité élémentaire de Mécanique chimique fondée sur la Thermodynamique*, t. II, 1898, p. 163.

Il ne paraît pas que notre explication ait été remarquée de la plupart des physiciens; ceux, en petit nombre, qui l'ont remarquée, ne semblent pas l'avoir comprise; ils ont cru y voir une *viscosité d'un nouveau genre* et l'ont considérée comme étant en désaccord avec la théorie générale de la viscosité; bien au contraire, elle est une conséquence nécessaire de cette théorie; elle ne heurte même pas l'opinion des physiciens qui, sur la foi de la théorie cinétique des gaz, regarderaient la relation de Stokes

$$3\lambda(\rho, T) + 2\mu(\rho, T) = 0 \tag{4}$$

comme exacte pour les gaz parfaits.

NOTE.

SUR LA VISCOSITÉ ET LE FROTTEMENT AU CONTACT DE DEUX LIQUIDES PARFAITS [1].

Au Paragraphe 2 du Chapitre II de la cinquième Partie, nous avons établi le théorème suivant :

Un fluide parfait, c'est-à-dire dénué de toute viscosité interne, ne peut, en général, être affecté ni de viscosité, ni de frottement au contact d'une paroi solide.

Nous nous proposons de montrer ici que, *au contact de deux liquides parfaits, il ne peut, en général, se manifester ni viscosité, ni frottement.*

En effet, si la viscosité et le frottement n'étaient pas nuls tous deux le long de la surface par laquelle un fluide parfait confine à un autre fluide, visqueux ou parfait, les deux fluides seraient *soudés* l'un à l'autre le long de la surface de contact (*Recherches*, IVe Partie, Chap. II, § 2); chacune des trois composantes de la vitesse demeurerait continue au travers de cette surface.

Cela posé, considérons deux fluides parfaits et incompressibles 1 et 2, se touchant le long de la surface S; supposons que, jusqu'à l'instant $t = 0$, ces deux fluides soient en équilibre sous l'action de certaines forces extérieures dérivant d'une fonction potentielle; la surface S coïncide alors avec une certaine surface d'égal niveau potentiel.

---

[1] *Procès-verbaux des Séances de la Société des Sciences physiques et naturelles de Bordeaux*, séance du 19 février 1903.

A l'instant $t=0$, mettons le système en mouvement sans imprimer à aucun élément matériel une variation brusque de vitesse. Le théorème de Lagrange s'appliquera à chacun de nos deux liquides; chacun d'eux admettra une fonction potentielle des vitesses, que nous désignerons par φ_1 pour le fluide 1, et par φ_2 pour le fluide 2. Les composantes de la vitesse seront, au sein du fluide 1,

$$(1) \qquad u_1 = -\frac{\partial \varphi_1}{\partial x}, \qquad v_1 = -\frac{\partial \varphi_1}{\partial y}, \qquad w_1 = -\frac{\partial \varphi_1}{\partial z}$$

et, au sein du fluide 2,

$$(1\ bis) \qquad u_2 = -\frac{\partial \varphi_2}{\partial x}, \qquad v_2 = -\frac{\partial \varphi_2}{\partial y}, \qquad w_2 = -\frac{\partial \varphi_2}{\partial z}.$$

Au sein du fluide 1, la fonction φ_1 vérifiera la condition

$$(2) \qquad \Delta \varphi_1 = 0,$$

tandis que, au sein du fluide 2, la fonction φ_2 vérifiera la condition

$$(2\ bis) \qquad \Delta \varphi_2 = 0.$$

Les deux fluides ne devant, le long de la surface S, ni se compénétrer, ni se séparer l'un de l'autre, on devra avoir, en tout point de cette surface et à tout instant,

$$(3) \qquad \frac{\partial \varphi_1}{\partial n_1} + \frac{\partial \varphi_2}{\partial n_2} = 0,$$

n_1, n_2 étant les deux demi-normales à la surface S, respectivement dirigées vers l'intérieur des fluides 1 et 2.

Soit θ une direction quelconque tangente, à l'instant t, à la surface S. La condition nécessaire et suffisante pour que, à cet instant, les deux fluides ne glissent pas l'un sur l'autre, s'exprime par l'égalité

$$\frac{\partial \varphi_1}{\partial \theta} - \frac{\partial \varphi_2}{\partial \theta} = 0.$$

Cette égalité exprime que, à l'instant considéré t, la différence $(\varphi_2 - \varphi_1)$ a même valeur en tout point de la surface S. En d'autres termes, le long de la surface de contact des deux fluides, la différence $(\varphi_2 - \varphi_1)$ a une valeur qui dépend seulement de t :

$$(4) \qquad \varphi_2 - \varphi_1 = f(t).$$

Mais, à la fonction φ_1, je puis, comme fonction potentielle des vitesses du fluide 1, substituer la fonction $\varphi_1 + f(t)$, que je désignerai maintenant par φ_1. Les égalités (1), (1 *bis*), (2), (2 *bis*) et (3) subsistent, tandis que l'égalité (4) devient

$$(5) \qquad \varphi_1 = \varphi_2.$$

Les égalités (2), (2 *bis*), (3) et (5) nous enseignent, selon un théorème bien connu, que *les deux fonctions potentielles* φ_1, φ_2 *forment une fonction analytique unique* φ *dans toute l'étendue du volume occupé par les deux fluides* 1 *et* 2. En d'autres termes, *le mouvement du système sera le même que si ce volume était occupé par un fluide unique ayant partout même densité.*

Il est clair, sans aucun calcul, que cette conclusion est inadmissible. Nous en serons encore mieux convaincus par un exemple.

Supposons que les deux fluides remplissent en entier un vase clos; soient U, V, W les composantes de la vitesse d'un point M, pris sur la surface interne de la paroi; soit n la normale à cette surface dirigée vers l'intérieur du fluide. Nous aurons, en tout point de la paroi,

$$(6) \qquad U\cos(n, x) + V\cos(n, y) + W\cos(n, z) + \frac{\partial\varphi}{\partial n} = 0,$$

en même temps que nous aurons, en tout point de l'espace que cette paroi circonscrit,

$$(7) \qquad \Delta\varphi = 0.$$

Si, pour tout point M de la surface de la paroi et pour tout instant t, on se donne U, V, W, les égalités (6) et (7) déterminent la fonction φ à une fonction près de t et, par conséquent, déterminent complètement le mouvement des deux fluides.

Supposons que le mouvement imprimé au vase se réduise à une translation, d'ailleurs quelconque :

$$U = \xi(t), \qquad V = \eta(t), \qquad W = \zeta(t).$$

Les égalités (6) et (7) nous donneraient

$$\varphi = -[\xi(t)x + \eta(t)y + \zeta(t)z] + \psi(t),$$

$\psi(t)$ étant une fonction arbitraire de t, et ce serait la seule forme possible de φ, en sorte que toutes les parties du fluide subiraient la même translation que la paroi.

Or, on peut choisir les fonctions $\xi(t)$, $\eta(t)$, $\zeta(t)$ qui sont, jusqu'ici, entièrement arbitraires, de telle sorte que, tout en demeurant continues, elles s'annulent à partir de l'instant $t = t_1$, tandis que les trois quantités

$$A = \int_{t_0}^{t_1} \xi(t)\,dt, \qquad B = \int_{t_0}^{t_1} \eta(t)\,dt, \qquad C = \int_{t_0}^{t_1} \zeta(t)\,dt$$

auront telles valeurs que l'on voudra. A partir de cet instant t_1, le fluide sera en équilibre; la surface S, qui aura subi une simple translation de composantes A, B, C, devra, à l'instant $t = t_1$, coïncider avec une surface d'égal niveau potentiel.

On parviendrait donc à la conclusion suivante : *Si des forces dérivent d'une fonction potentielle, une portion quelconque d'une surface d'égal niveau potentiel se trouve encore, après une translation quelconque, sur une surface d'égal niveau potentiel.*

Visiblement, cette conclusion est absurde.

FIN.

TABLE DES MATIÈRES.

QUATRIÈME PARTIE.

DES CONDITIONS AUX LIMITES.

CHAPITRE I.

CHAPITRE II.

CHAPITRE III.

CHAPITRE IV.

CHAPITRE V.

CINQUIÈME PARTIE.

LE THÉORÈME DE LAGRANGE ET LES CONDITIONS AUX LIMITES.

CHAPITRE I.

CHAPITRE II.

SIXIÈME PARTIE.

SUR LES DEUX COEFFICIENTS DE VISCOSITÉ ET LA VISCOSITÉ AU VOISINAGE DE L'ÉTAT CRITIQUE.

CHAPITRE I.

CHAPITRE II.

NOTE.

FIN DE LA TABLE DES MATIÈRES.

33298 PARIS. — IMPRIMERIE GAUTHIER-VILLARS.
Quai des Grands-Augustins, 55.

33298 Paris. — Imprimerie GAUTHIER-VILLARS, quai des Grands-Augustins, 55.

www.ingramcontent.com/pod-product-compliance
Ingram Content Group UK Ltd.
Pitfield, Milton Keynes, MK11 3LW, UK
UKHW020335230726
13925UKWH00002B/808

9 782013 458177